स्ट्राबेरी आधुनिक उत्पादन तकनीकें

स्ट्राबेरी आधुनिक उत्पादन तकनीकें

डॉ. राम रोशन शर्मा

वैज्ञानिक

फल एवं औद्यानिक प्रौद्योगिकी संभाग
भारतीय कृषि अनुसंधान संस्थान, नई दिल्ली – 110012

एवम्

श्री अनिल कुमार गुप्ता

कृषि सूचना प्रौद्योगिकी केन्द्र
भारतीय कृषि अनुसंधान संस्थान, नई दिल्ली – 110012

SSPH

SATISH SERIAL PUBLISHING HOUSE

403, Express Tower, Commercial Complex, Azadpur, Delhi - 110033 (INDIA)
Phone : 011-27672469, 27672852 Fax : 91-11-27672046
E-mail : ssp@ndf.vsnl.net.in, hkjain@satishserial.com
Website : www.satishserial.com

Published by :

SATISH SERIAL PUBLISHING HOUSE
403, Express Tower, Commercial Complex, Azadpur, Delhi - 110033 (INDIA)
Phone : 011-27672469, 27672852 Fax : 91-11-27672046
E-mail : ssp@ndf.vsnl.net.in, hkjain@satishserial.com

First Published 2004

Printed at
SALASAR IMAGING SYSTEMS, DELHI-35

.......भारत के स्ट्राबेरी उत्पादकों को

राम रोशन शर्मा

प्राक्कथन

सौभाग्य से भारत में विभिन्न प्रकार की जलवायु पायी जाती है, जिस कारण हमारे देश में कई प्रकार के फलों को उगाया जा सकता है। शीतोष्ण जलवायु में उगाए जाने वाले फलों में स्ट्राबेरी का महत्वपूर्ण स्थान है। इसे सम्पूर्ण विश्व के विभिन्न क्षेत्रों में उगाया जाता है। इस फल की महत्ता जानकर भारत में राष्ट्रीय पादप आनुवंशिक संसाधन ब्यूरो के क्षेत्रीय अनुसंधान केन्द्र, फागली, शिमला (हिमाचल प्रदेश) में 60 के दशक में स्ट्राबेरी की कुछ किस्मों को दूसरों देशों से मंगवाकर शोधकार्य शुरू किया। बाद में स्ट्राबेरी पर भारतीय कृषि अनुसंधान संस्थान, नई दिल्ली व उसके क्षेत्रीय अनुसंधान केन्द्र, कटराईं (हिमाचल प्रदेश) में विधिवत् रूप से अनुसंधान कार्य शुरू हुआ। इसके साथ-साथ अन्य अनुसंधान संस्थान भी इस कार्य में शामिल हुए जिससे उत्पादन बिन्दुओं पर अच्छी जानकारी हासिल की। हालांकि अच्छे प्रयासों, अनुसंधान कार्य तथा तकनीकी मानकीकरण के बावजूद भी उस समय स्ट्राबेरी की खेती खास लोकप्रिय नहीं हुई क्योंकि बाहर से मंगाई गई प्रजातियों व किस्मों की भारत की जलवायु में अच्छी अनुकूलशीलता नहीं थी। किन्तु, विगत वर्षों में नई-नई किस्में दूसरे देशों से मंगवाई गई तथा उत्पादन तकनीकों का मानकीकरण हुआ, जिसके परिणामस्वरूप शीतोष्ण जलवायु तथा उप-उपोष्ण जलवायु के किसानों में देश की स्थानीयता अनुसार स्ट्राबेरी के उत्पादन में रूचि बढ़ी। इससे स्ट्राबेरी के क्षेत्र व उत्पादन में अद्‌भुत बढ़ोत्तरी हुई। दुर्भाग्य से आज भी इस महत्वपूर्ण फल पर संग्रहित रूप से जानकारी उपलब्ध नहीं है। इस पर हुए अनुसंधान कार्य अंग्रेजी में लिखे शोधपत्रों तक ही सीमित है जो कि किसानों के लिए ही नहीं बल्कि शोधकर्त्ताओं, उद्यमियों एवं छात्रों के लिए भी जरूरी है। खासकर हिन्दी में तो स्ट्राबेरी पर साहित्य की उपलब्धता नगण्य है। मुझे पूर्ण विश्वास है कि इस पुस्तक के प्रकाशन से इस समस्या का समाधान संभव होगा।

मुझे अत्यंत हर्ष हो रहा है कि स्ट्राबेरी पर उपलब्ध समस्त सामग्री को "**स्ट्राबेरी आधुनिक उत्पादन तकनीक**" नामक संग्रह के रूप में प्रकाशित करने की प्रथम सफल कोशिश की गई है। मैं इस सराहनीय कार्य के लिए डॉ. राम रोशन शर्मा, फल एवं औद्यानिक प्रौद्योगिकी संभाग तथा श्री अनिल कुमार गुप्ता, कृषि प्रौद्योगिकी सूचना केन्द्र (एटिक), भारतीय कृषि अनुसंधान संस्थान, नई दिल्ली को इस कार्य के लिए ध न्यवाद देता हूं जिन्होंने छुटपुट फैली जानकारी/सूचनाओं को एकत्रित करके एक सही ढंग व सरल भाषा में एक पुस्तक के रूप में संकलित किया है। इस पुस्तक के सभी अध्याय सीधी, सरल व आम बोलचाल की भाषा में व्यवस्थित ढंग से लिखे गए हैं। इस पुस्तक में स्ट्राबेरी के इतिहास उन्नत किस्मों, पौध रोपण, पलवार, ठंड से बचाव, संरक्षित तथा जलीय उत्पादन, पादप वृद्धि नियामकों का उपयोग, पुष्पन, परागण तथा फलन लगना, क्रियात्मक विकारों, पादप प्रजनन एवं फसल सुधार तथा आय-व्यय का लेखा-जोखा आदि बहुत ही प्रभावी है, जिसकी आधुनिक व अधि कारिक जानकारी दी गई है।

मुझे पूरा विश्वास है कि यह पुस्तक शोधकर्त्ताओं, अध्यापकों, छात्रों, उद्यमियों तथा स्ट्राबेरी उत्पादकों के लिए अपनी आकांक्षाओं को पूरा करने में मील का पत्थर सिद्ध होगी।

अप्रैल 2004

डॉ. राम कृपाल पाठक
निदेशक
केन्द्रीय उप-उपोष्ण औद्यानिक संस्थान
लखनऊ, उत्तर प्रदेश

आमुख

भारत में विभिन्न प्रकार की जलवायु होने के कारण यहां सभी प्रकार के फलों की बागवानी थोड़ी या बहुतायत में की जाती है। हमारे देश में लद्दाख (शुष्क शीतोष्ण जलवायु) से लेकर दक्षिण भारत (उष्ण कटिबंधीय जलवायु) तक किसी न किसी फल की बागवानी अवश्य की जाती है। इसी कारण भारत, चीन के बाद फलोत्पादन में विश्व में दूसरे स्थान पर है। स्ट्राबेरी, मुख्यतः शीतोष्ण कटिबंधीय जलवायु का फल है, जिसकी व्यावसायिक खेती विश्व के कई क्षेत्रों में की जाती है। प्रारंभ में, हमारे देश में लघु-दिवस की किस्मों के प्रजनन पर कार्य हुआ, जोकि ज्यादातर शीतोष्ण जलवायु में ही सफल है। हालांकि, बाद में संसार के कई देशों में दिवस निष्प्रभावी किस्मों का विकास हुआ, जिसके फलस्वरूप उष्ण जलवायु में भी इसकी खेती शुरू हुई।

स्ट्राबेरी को भारत में, साठ के दशक में, कई किस्मों को दूसरे देशों से लाकर पहाड़ी क्षेत्रों में लोकप्रिय बनाने की कोशिश की गई लेकिन सफलता नहीं मिली, क्योंकि इन किस्मों की भारत के पहाड़ी क्षेत्रों में अनुकूलता ठीक नहीं रही तथा इसके वैज्ञानिक उत्पादन हेतु कृषि तकनीकों का मानकीकरण भी नहीं हो सका था।

हालांकि, बाद में दिवस-निष्प्रभावी किस्मों को विभिन्न देशों से मंगाकर विभिन्न जलवायु क्षेत्रों में उनकी अनुकूलता के अनुसार कृषि तकनीकों का मानकीकरण हुआ, जिसके परिणामस्वरूप कुछ वर्षों से किसानों में स्ट्राबेरी के उत्पादन के प्रति बहुत रूचि बढ़ी है। अभी भी इस महत्वपूर्ण फल-फसल पर ठीक, उच्चस्तरीय साहित्य उपलब्ध नहीं है और अगर है भी तो वह उपलब्ध जानकारी शोधपत्रों तक ही सीमित है। स्ट्राबेरी के विकास के प्रोत्साहन में सबसे बड़ी बाधा एक अच्छी पुस्तक का न होना भी है। अतः हमने समस्त उपलब्ध एवं बिखरी हुई जानकारियों को एकत्र करके **"स्ट्राबेरी आधुनिक उत्पादन तकनीक"** नामक पुस्तक

के रूप में प्रकाशित करने की सोची। इस पुस्तक में देश के शीतोष्ण कटिबंधीय, उपोष्ण कटिबंधीय और उष्णकटिबंधीय क्षेत्रों के लिए स्ट्राबेरी के उत्पादन से लेकर उपयोग सबंधी वैज्ञानिक शिफारिशों को सम्मिलित किया गया है। यह पुस्तक सादी, सरल व आम बोलचाल की भाषा में लिखी गई है। इसमें सभी महत्त्वपूर्ण पहलुओं पर स्ट्राबेरी सबंधी जानकारी विश्व से लेकर भारत के विषय में विस्तार से दी गई है।

इस पुस्तक को तैयार करने में हमें पूसा संस्थान के कई वैज्ञानिकों, विद्यार्थियों एवं अन्य कर्मचारियों का सहयोग लेना पड़ा। हम उन सभी विशेषज्ञों एंव कर्मचारियों को दिल से धन्यवाद करते हैं। हम विशेष रूप से श्री सुरेन्द्र कुमार एवं डॉ. (श्रीमति) करूणा दीक्षित के आभारी हैं जिन्होंने अच्छे छायाचित्र व रेखाचित्र बनाकर इस पुस्तक को और भी सुंदर बनाया है। हम, टंकण के लिए **मैसर्स लक्ष्मी आर्ट, शिवा मार्किट, दिल्ली** के भी आभारी है।

इस पुस्तक में हमने अधिकाधिक जानकारी देने की कोशिश की है। परन्तु, भरपूर कोशिश के बावजूद भी कोई न कोई कमी रह ही जाती है। अत: पाठकों से हमारा निवेदन है कि यदि इसमें उन्हें कोई त्रुटि लगे तो वें हमें बताएं ताकि अगले प्रकाशन से पहले उसे सुधारा जा सके।

हम **मैसर्स सतीश सीरियल पब्लिसिंग हाउस, आजादपुर, नई दिल्ली** के विशेष रूप से आभारी है जिन्होंने हमें इस पुस्तक को लिखने का मौका प्रदान किया।

हमें विश्वास है कि यह पुस्तक अरसे से महसूस की जा रही आवश्यकताओं को पूरा करेगी। हमें आशा ही नहीं अपितु पूर्ण विश्वास है कि यह पुस्तक शोधकर्त्ताओं, शिक्षकों, छात्रों, विस्तार अधिकारियों/कर्मचारियों, उद्यमियों एवं प्रगतिशील उत्पादकों के लिए अत्यधिक लाभदायक सिद्ध होगी।

राम रोशन शर्मा

अनिल कुमार गुप्ता

विषय सूची

अध्याय संख्या	अध्याय का नाम	पृष्ठ संख्या
1.	प्रस्तावना	1 - 4
2.	इतिहास एवं विस्तार	5 - 7
3.	वानस्पतिक विवरण एवं वर्गीकरण	8 - 11
4.	फ्रेगेरिया वंश की जातियां	12 - 16
5.	मृदा और जलवायु	17 - 23
6.	क्षेत्रफल तथा उत्पादन	24 - 27
7.	प्रमुख सुधरी किस्में	28 - 45
8.	पादप प्रवर्धन	46 - 52
9.	पौध रोपण	53 - 61
10.	जल प्रबंधन	62 - 64
11.	पोषण प्रबंधन	65 - 75
12.	पलवारना (मल्चिंग	76 - 87
13.	खरपतवार प्रबंधन	88 - 96
14.	संरक्षित तथा मृदा रहित उत्पादन	97 - 100
15.	महत्वपूर्ण कृषि क्रियाऐं	101 - 104
16.	पादप वद्धि नियामकों का प्रयोग	105 - 107
17.	पुष्पन, परागण तथा फल लगना	108 - 116
18.	निषेचन, फलवृद्धि एवं विकास	117 - 125
19.	हानिकारक कीट, जीव एवं उनकी रोकथाम	126 - 131
20.	प्रमुख रोग एवं उनकी रोकथाम	132 - 139
21.	क्रियात्मक विकार एवं उनका प्रबंधन	140 - 142
22.	तुड़ाई एवं उपज	143 - 146
23.	तुड़ाई उपरांत प्रबंधन	147 - 151
24.	मूल्य निरूपण पदार्थ	152 - 154
25.	प्रजनन एवं फल सुधार	155 - 169
26.	आय-व्यय का लेखा-जोखा	170 - 172
27.	भविष्य की संभावनाएं	173 - 177
28.	व्यावसायिक खेती : कुछ आवश्यक सुझाव	178 - 183
29.	संदर्भ साहित्य	184 - 200
	परिशिष्ट	
	स्ट्राबेरी के पौधे, उत्पादन व अन्य सामग्री की उपलब्धता	
	अंग्रेजी-हिन्दी शब्दावली	

1. प्रस्तावना

विश्व में उगाए जाने वाले फलों में स्ट्राबेरी एक सुंदर, मुलायम, खाने में अति स्वादिष्ट, सुस्वाद व पौष्टिक पोषक तत्वों से भरपूर फल है। संसार में लाखों लोग इसके सुस्वाद व ताजगी से परिचित हैं। इसके अलावा इसके पौधे बगीचों में शोभा बढ़ाते हैं तथा इसकी व्यावसायिक खेती से सुंदर, आकर्षक लाल फल मिलते हैं जिनसे अच्छी आमदनी भी होती है। स्ट्राबेरी के ताजे फल विटामिनों व पोषक तत्वों से भरपूर होते हैं। यही कारण है कि स्ट्राबेरी का फल विश्व में लाखों लोगों के भोजन का हिस्सा बन चुका है। स्ट्राबेरी की बागवानी से अन्य लाभ यह भी है कि अन्य फलों की अपेक्षा, इस फल से प्रति इकाई क्षेत्रफल से अधिक लाभ तथा जल्दी आमदनी मिलती है क्योंकि इसकी फसल रोपाई के छः माह बाद ही मिल जाती है तथा इसके ताजे फल पूरे साल उपलब्ध रहते हैं। इसके अतिरिक्त, स्ट्राबेरी की खेती शीतोष्ण से उपोष्ण जलवायु में की जा सकती है। हालांकि पहले यह प्रचलित था कि इसकी बागवानी बहुत ही विशेष क्षेत्रों में की जा सकती है क्योंकि इसे विशेष क्रांतिक प्रकाशकाल तथा तापमान की आवश्यकता पड़ती है और इसकी कृषि क्रियाएं अन्य फलों से बहुत भिन्न हैं। परन्तु सघन अनुसंधान, प्रकाशकाल निष्प्रभावी किस्मों के विकास, अधिक पैदावार वाली किस्मों का विकास, शस्य तकनीकों का मानकीकरण तथा वैज्ञानिक पद्धतियों को किसानों द्वारा अपनाना आदि ही इसकी खेती को बढ़ावा दे रहे हैं। इसके परिणामस्वरूप इसकी बागवानी कुछ वर्षों में ही बहुत तेजी से फैल रही है व दिन-प्रतिदिन लोकप्रिय हो रही है। यही कारण है कि हमारे शोधकर्त्ताओं, व्यावसायियों एवं किसानों के आपसी सामंजस्य से क्षेत्रों के अनुसार नई उन्नत किस्मों एवं प्रजातियों का विकास हो रहा है।

पोषक तत्व एवं उपयोग

स्ट्राबेरी के फल पकने के समय मनमोहक लाल रंग, मुलायम गूदे वाले एवं विशेष प्रकार की सौम्य सुवास वाले होते हैं। फलों का सुहावना

लाल रंग पेलारागोनिडिन-3-मोनोग्लूकोसाइड के कारण होता है। लाल रंग की तीव्रता जाति या किस्म विशेष के गुण पर निर्भर करती है। पके फलों में विशेष आकर्षक सौम्य सुवास भी होता है और अधिकांश लोग स्ट्राबेरी को आकर्षक रंग व सुवास के कारण की पसंद करते हैं। स्ट्राबेरी के पके फल खट्टे-मीठे स्वाद वाले होते हैं। फल अधिकतर ताजे ही खाए जाते हैं, परन्तु फलों को कई बहुमूल्य प्रसंस्कृत खाद्य पदार्थों जैसे कैंडी, जैम, जैली, आइसक्रीम, प्रशीतन स्ट्राबेरी, शराब, शर्बत, जूस तथा अन्य मधुर पेय आदि बनाने में भी प्रयोग किया जाता है। इसके फलों में 0.55 प्रतिशत पैक्टिन होता है जो स्वाटिष्ट जैम बनाने हेतु पर्याप्त होता है। स्ट्राबेरी के फलों को बहुत लोग औषधी के रूप में एवं स्वास्थ्य की दृष्टि से भी खाते हैं। ऐसा माना गया है कि इसके फलों को नित्य खाने से एनिमिया (खून की कमी) तथा क्लोरोसिस नामक बीमारियां ठीक हो जाती हैं।

सारणी 1. स्ट्राबेरी फल का रासायनिक संघटन एवं पोषक मूल्य

1. जल (प्रतिशत)	85-90
2. प्रोटीन (ग्राम)	0.25-9.2
3. कार्बोहाइड्रेटस (ग्राम)	8.5-9.2
4. रेशा (प्रतिशत)	1.1
5. शर्करा (प्रतिशत)	
फ्रक्टोस	1.5-3.5
ग्लूकोस	1.5-3.0
सुक्रोज	8.0-2.5
6. कार्बनिक अम्ल (मिग्रा./100 ग्राम खाने योग्य भाग)	400-1250
साइट्रिक	90-675
मैलिक	90-100
ऑग्जेलिक	20-24
टाइटैरिक	15-17
7. विटामिन्स (प्रति 100 खाने योग्य भाग)	

विटामिन-ए	आई यू. 60.0-63.00
एस्कार्बिक अम्ल	30-120 मिग्रा.
थाइमिन (बी-1)	0.03 मिग्रा.
रिबोफ्लेबिन (बी-2)	0.07 मिग्रा.
नियासिन (बी-6)	0.06 मिग्रा.
8. खनिज तत्व (मिग्रा./100 ग्रा. खाने योग्य भाग)	
पोटेशियम	160-164
कैल्शियम	20-21
फॉस्फोरस	20-21
लोहा	1.0-1.2
सोडियम	1.0-1.2
कुल फिनोलिक्स	60-120 मिग्रा.
एन्थोसायनिन्स	50-100 मिग्रा.

पोषक मूल्य

स्ट्राबेरी के ताजे पके फल विटामिनों व पोषक तत्वों से परिपूर्ण होते हैं (सारणी 1)। फल विटामिन ए (60 आई. यू./100 ग्राम खाने योग्य भाग) तथा विटामिन सी (30-120 मि.ग्रा./100 ग्राम खाने योग्य भाग) का अच्छा स्रोत होते हैं। फलों में पैक्टिन (0.55 प्रतिशत) भी अच्छी पाई जाती है, जो कैल्शियम पैक्टेट के रूप में होती है। पैक्टिन, जैली बनाने हेतु अति आवश्यक होती है। इसके अतिरिक्त, स्ट्राबेरी के फलों में कैल्शियम व फॉस्फोरस पोषक तत्वों तथा कुल घुलनशील ठोस पदार्थ (7-12 प्रतिशत) की भी पर्याप्त मात्रा होती है। स्ट्राबेरी के फल का मुख्य घटक पानी (90 प्रतिशत) होता है। इसके फलों में लगभग 5.0 प्रतिशत शर्करा तथा 0.99 से 1.85 प्रतिशत तक अम्ल होते हैं। फल में ग्लूकोस, फ्रक्टोस मुख्य शर्कराओं के अतिरिक्त कुछ अनुपात में सुक्रोज भी होता है। अम्लों में मुख्यतः साइट्रिक व मैलिक अम्ल ही पाए जाते हैं। फलों में विद्यमान विभिन्न अम्ल, पी.एच. मान की स्थायीयता तथा फेनक द्रव्यों (एन्जाइम) की गतिविधियों को नियंत्रित करने में सहायता करते हैं।

स्ट्राबेरी के फल अपनी सुगंध के लिए जाने जाते हैं। यह सुगंध उड़नशील ईस्टर के कारण होती है। वैसे तो फल में कई सुगंध घटक पाए जाते हैं परन्तु मिथाइल हेक्सानोएट, ईथाइल हेक्सानोएट, ईथाइल प्रोपिओनेट, ईथाइल ब्यूटानोएट, मिथाइल ब्यूटानोएट, फुरानॉन तथा लिनालूल मुख्य एवं महत्वपूर्ण सुगंध संघटक हैं। इन उड़नशील सुगंध घटकों की सांद्रता के कारण ही विभिन्न किस्मों की सुगंध में विभिन्नता होती है। इसकी पत्तियों से आवश्यक तेल भी निकाला जा सकता है। स्ट्राबेरी तेल के मुख्य संघटक लिनालूल तथा नोनानाल होते हैं।

2. इतिहास एवं विस्तार

स्ट्राबेरी का इतिहास भी उतना ही पुराना है जितना कि रोमन और ग्रीस का, परन्तु इस फल का उस समय औद्यानिक महत्व कम होने के कारण इससे संबंधित पुराना संदर्भ साहित्य काफी कम मिलता है। इसका अन्दाजा इसी से ही लगाया जा सकता है कि न तो थियोफ्रेस्टस, हिपोक्रेट्स, डिस्कोराईड़ज व गालेन और ना ही उस समय के कृषि संबंधित लेखकों जैसे काटो, वारो, कोलूमेला व पालाडियस ने अपनी पुस्तकों में कभी भी स्ट्राबेरी का जिक्र नहीं किया है। एपुलियस ने स्ट्राबेरी के संदर्भ में लिखा तो अवश्य है परन्तु केवल उसके औषधीय गुणों के मद्देनजर ही। यद्यपि विरजिल एवं ओविड ने अपने लेखों में स्ट्राबेरी का उल्लेख किया है परन्तु यह उल्लेख बहुत साधारण सामाजिक कविताओं के रूप में है जिनमें अन्य जंगली फलों के साथ स्ट्राबेरी का भी उल्लेख है।

परन्तु सन् 1300 के संदर्भ साहित्य (कुछ लेखों) से विदित होता है कि उस समय स्ट्राबेरी की खेती यूरोप में होती थी। इसके उपरांत, फ्रांस के लोगों ने जंगली (वुड) स्ट्राबेरी (*फ्रेगेरिया बेस्का*) को अपने बागों में लगाना शुरू किया। यद्यपि इसका फल ताजा खाने में प्रयोग किया जाता था, परन्तु उस समय स्ट्राबेरी को मुख्य रूप से बागों में इसे खूबसूरती के लिए ही लगाया जाता था न कि फल के लिए।

सर्वप्रथम स्ट्राबेरी की खेती से संबंधित विवरण सन् 1368 में आया जब राजा चार्ल्स पंचम के एक बागवान, जीन ड्यूडोय ने पेरिस के राजशाही बाग में स्ट्राबेरी के 1200 पौधे लगवाए। सन् 1375 में 'चातेऊ डी कोवर्स' ने 'डचेस ऑफ बुरंगुण्डी' में स्थित अपने बाग में स्ट्राबेरी के पांच ब्लॉक लगवाए। उस समय यद्यपि स्ट्राबेरी की खेती सामान्य तौर पर की गई थी परन्तु 'डचेस ऑफ बुरगुण्डी' ने इसको खूब सराहा।

इंग्लैण्ड में भी स्ट्राबेरी की अपनी पहचान रही है व इसे खूब पसंद किया जाता रहा है। वर्तमान के स्ट्राबेरी नाम का विकास श्रृंखलाबद्ध तरीके

से, स्ट्रीयोबोरिग, स्ट्रीयोबर्ग, स्ट्रीबेरीवसे तथा स्ट्राबेरी क्रमशः यहीं (इंग्लैण्ड) पर हुआ। इससे पता चलता है कि स्ट्राबेरी इंग्लैण्ड में शुरू से ही कितनी लोकप्रिय रही है।

एंग्लो-सैक्सोन, स्ट्राबेरी को 'हेबेरी' कहते थे, क्योंकि इसके पकने का समय सुखाने हेतु घास काटने से मिलता था। कुछ लोगों की परिकल्पना है कि इस फल का नाम 'स्ट्राबेरी' इसलिए पड़ा क्योंकि इसके फलों को घास-फूंस पर रखकर बेचा जाता था जोकि अभी भी आयरलैण्ड में प्रचलित है। एक प्रचलित परिकल्पना (एंग्लो-सैक्सोन) के अनुसार स्ट्राबेरी के भूस्तारी तने मातृ पौधे से दूर जाकर जड़ों को पैदा करके नये पौधे बनाते हैं, अतः इसका नाम इसी विशेषता के कारण स्ट्राबेरी पड़ा।

स्ट्राबेरी के औद्यानिक विकास में पन्द्रहवीं शताब्दी बहुत महत्वपूर्ण है। इसी शताब्दी में सर्वप्रथम फ्रांस में बागवानी के लिए स्ट्राबेरी के पौधे लगाये गए। उस समय स्ट्राबेरी की *फ्रेगेरिया बेस्का* प्रजाति ही मुख्यतः उगाई जाती थी। स्ट्राबेरी की अन्य प्रजातियां जैसे *फ्रेगेरिया मौसचटा* (मेस्की सुगंधयुक्त स्ट्राबेरी), *फ्रेगेरिया विरीड़िस* (हरी स्ट्राबेरी), *फ्रेगेरिया एल्वा* एवं *फ्रेगेरिया सिल्वैस्ट्रिस* आदि का विवरण जरोम बोक (1532) ने किया है। पन्द्रहवीं शताब्दी के अन्त में स्ट्राबेरी प्रजाति की वुड स्ट्राबेरी (*फ्रेगेरिया बेस्का*) एवं *फ्रेगेरिया मौसकटा* (मस्की सुगंधयुक्त स्ट्राबेरी) को सुगंध के आधार पर दो जातियों में बांटा गया।

स्ट्राबेरी के विकास में सोलहवीं शताब्दी का महत्व केवल इतना है कि इसी दौरान स्ट्राबेरी की *फ्रेगेरिया विरजिनियाना* जाति को पूर्वी-उत्तरी अमेरिका से यूरोप में लाया गया जिसे उस समय बड़े फल वाली स्ट्राबेरी के नाम से जाना जाता था। यद्यपि *फ्रेगेरिया विरजिनियाना* की यूरोप यात्रा से संबंधित जानकारी ज्ञात नहीं है, परन्तु कुछ विशेषज्ञों की राय है कि स्ट्राबेरी को यूरोप में सर्वप्रथम 17वीं शताब्दी में लाया गया।

सोलहवीं शताब्दी के अन्त तक स्ट्राबेरी नाम काफी प्रचलित हो गया और मस्की, हरी एवं विरजिनियम स्ट्राबेरी को उगाया जाने लगा था।

17वीं शताब्दी के पहले पचास वर्षों में व्यावसायिक उत्पादन हेतु बड़े फलों वाली स्ट्राबेरी का चमत्कारिक विकास हुआ। *फ्रेगेरिया विरजिनियाना* स्ट्राबेरी, आधुनिक स्ट्राबेरी का प्रमुख पितृ और *फ्रेगेरिया चाइलोंसिस* मातृ पूर्वज हैं।

फ्रांस में स्ट्राबेरी की खेती शुरू करने का श्रेय एक सैन्य अधिकारी को जाता है। साहित्य से प्राप्त जानकारी के अनुसार सन् 1712 में ए.एफ. फ्रीजर, एक फ्रेंच सैन्य आधिकारी चिली से फ्रांस लौटे और वे वहां से बड़े फल वाली स्ट्राबेरी के पांच पौधे अपने साथ लाए थे। फ्रांस पहुंचकर उन्होंने वे पौधे विभिन्न लोगों में बांट दिए। दो पौधे समुद्री जहाज के कप्तान को, एक पौधा राजशाही बाग को, एक अपने उच्च अधिकारी और पांचवां स्वतः रख लिया था। धीरे-धीरे चिली में उगायी जाने वाली स्ट्राबेरी, *फ्रेगेरिया चाइलोंसिस,* जो कि बड़े एवं आकर्षक लाल रंग वाले फल पैदा करती थी, फ्रांस में भी प्रसिद्ध हो गई।

अतः वैज्ञानिक मानते हैं कि स्ट्राबेरी की चिली से फ्रांस यात्रा इसके इतिहास, विकास व विस्तार में सबसे महत्वपूर्ण समय था। साहित्य से पता चलता है कि सत्रहवीं शताब्दी के मध्य तक स्ट्राबेरी व्यावसायिक स्तर पर उगायी जाने लगी थी। बाद में स्ट्राबेरी के प्राकृतिक तरीके से हुए संकरण से उत्पन्न संकर जाति *फ्रेगेरिया अन्नानासा* को *फ्रेगेरिया विरजिनियाना* एवं *फ्रेगेरिया चाइलोंसिस* जातियों से भी अधिक पसंद किया गया।

धीरे-धीरे इंग्लैण्ड, हॉलैण्ड एवं फ्रांस के कई बागवानों ने बड़े आकार के फलों वाली *फ्रेगेरिया अन्नानासा* (संकर जाति) में और भी अधिक सुधार व चुनाव किए गए। अन्ततः स्ट्राबेरी पूरे विश्व में प्रचलित हो गई। भारत में उन्नीसवीं शताब्दी के छटे दशक में स्ट्राबेरी के कुछ पौधे राष्ट्रीय पादप अनुवांशिकी ब्यूरो के फागली, शिमला (हिमाचल प्रदेश) स्थित केन्द्र में लाए गए। वहां से यह धीरे-धीरे यह पूरे देश में फैल गई। अब यह भारत के विभिन्न प्रकार की जलवायु में सफलतापूर्वक उगाई जा रही है।

3. वानस्पतिक विवरण एवं वर्गीकरण

वानस्पतिंक विवरण

स्ट्राबेरी एक विसर्पी (कम रेंगने वाला) बहुवर्षीय शाकीय पौधा है जिसका तना 2.0 से.मी. लंबी पर्व (दो गांठों के बीच की दूरी) के साथ घने मुकुट की तरह होता है। इसकी बाह्य कलिका पत्ती की गांठ में मुकुट या तो सुसुप्त रहता है या शाकीय मुकुट में विकसित होता है जो स्टोलोन (भूस्तारी) एवं पर्यावरण की दशा पर निर्भर करता है। पुष्पक्रम वानस्पतिक वृद्धि के साथ-साथ बढ़ता रहता है और धीरे-धीरे कठोर भी होता जाता है।

वैज्ञानिकों का मानना है कि स्ट्राबेरी में वानस्पतिक तथा लैंगिक वृद्धि अन्य फलदार फसलों की अपेक्षा पर्यावरण की दशाओं, खासकर प्रकाशकाल तथा तापमान से अधिकाधिक प्रभावित होती हैं। स्ट्राबेरी के विभिन्न वानस्पतिक भागों का विवरण निम्नलिखित है जिसको रेखाचित्र-1 द्वारा भी दर्शाया गया है।

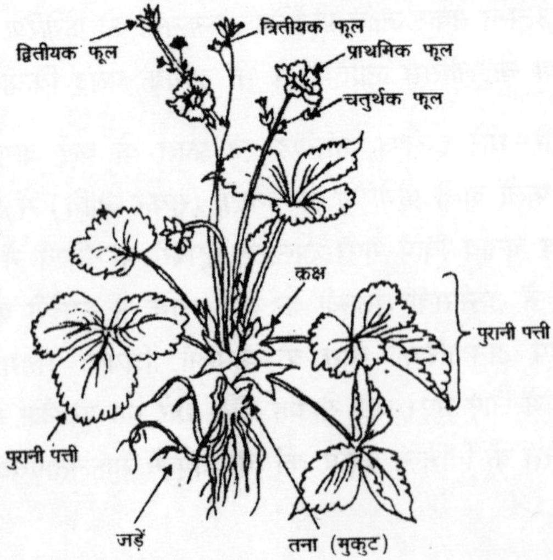

रेखाचित्र 1: स्ट्राबेरी पौधे के विभिन्न भाग

जड़ तंत्र

स्ट्राबेरी में जड़ तंत्र का आकार विभिन्न जातियों एवं किस्मों में भिन्न-2 प्रकार का होता है। यह अधिकतर पौधों की बढ़वार, भूस्तारियों की संख्या एवं उनकी ओजस्विता पर निर्भर करता है। परन्तु, सामान्य रूप से स्ट्राबेरी में दो प्रकार की जड़ें होती हैं, प्राथमिक एवं द्वितीयक। प्राथमिक जड़ें बड़ी होती हैं जो मुकुट से निकलती हैं। द्वितीयक जड़ें छोटी होती हैं और वे प्राथमिक जड़ों के साथ मिलकर बड़ा जड़ तंत्र बनाती हैं। द्वितीयक जड़ें संख्या में सामान्य रूप से 20-35 तक होती हैं किन्तु किस्म या जाति विशेष में ये जड़ें 1,000 तक या इससे अधिक भी हो सकती हैं। यदि प्राथमिक व द्वितीयक जड़ें अच्छी संख्या में हों तो ये एक अच्छा जड़ तंत्र बनाने में सहायता करती हैं जो पौधों के विकास में अधिकाधिक सहायक होता है। सामान्यत: जड़ों का तेजी से विकास बसंत ऋतु में होता है, जब पत्तियों की पानी की मांग कम रहती है। हालांकि, दिसम्बर से जनवरी तक भी जड़ों में सघन विकास होता है, परन्तु इतना नहीं जितना कि बसंत ऋतु में होता है। स्ट्राबेरी में अधिक अनुकूलता इसके जड़ तंत्र में भिन्नता के कारण होती है जोकि बहुवर्षीय भाग है। सामान्यत: स्ट्राबेरी की जड़ें फलत मौसम के दौरान एक वर्ष के दौरान पनपती हैं तथा अगले वर्ष मर जाती हैं, किन्तु यदि फलत वाले वर्ष के दौरान प्रौढ़ पौधों से सभी फूलों के गुच्छों को हटा दें तो उस वर्ष अक्सर इसकी जड़ें नहीं मरती हैं। स्ट्राबेरी की जड़ें मुख्यत: अच्छे जल निकास युक्त बलुई मृदा में अच्छी पनपती हैं तथा कुछ जड़ें 60 सेमी. की गहराई तक भी पाई जाती हैं। चिकनी मृदा में, यह क्षैतिज दशा में बढ़ती हैं। सामान्यत: 90 प्रतिशत जड़ें मृदा की ऊपरी सतहों (20-30 से.मी.) में ही पाई जाती हैं।

स्ट्राबेरी की जड़ों में कई प्रकार के कवक पाए जाते हैं जिसमें से कुछ कवक, पोषक तत्व पौधों से लेते हैं तथा यह *माइकोराईजल* प्रकृति के होते हैं। इन पौधों में साधारणत: *राइजोपस* तथा *फाइकोमाइटिस* प्रजातियों के माइकोराईजल कवक पाए जाते हैं, किन्तु स्ट्राबेरी की

विभिन्न प्रजातियों में विशिष्ठ प्रकार के माइकोराइजल कवक की आवश्यकता होती है। हालांकि कभी-कभी माइकोराईजल कवकों की कुछ दशाओं में परजीवी होने की भी संभावना रहती है।

पत्ती

पौधों पर पत्तियां 2/5 चक्राकार में व्यवस्थित होती हैं। अक्सर यह देखा गया है कि प्रत्येक छंटवी पत्ती पहली पत्ती के ठीक ऊपर होती है, जिससे पौधों को अधिकाधिक प्रकाश मिलता है। पत्तियों का आकार व नाप किस्म विशेष व जातियों (स्पीशीज) के अनुसार भिन्न-भिन्न होता है। जैसे *फ्रेगेरिया वेस्का* में पत्तियां पतली, *फ्रेगेरिया चाइलोंसिस* की मोटी तथा *फ्रेगेरिया विरजिनयाना* में यें मध्यम मोटाई की होती हैं। *फ्रेगेरिया वेस्का* के पौधों की पतली पत्तियों के गुण नम जलवायु में अधिक आते हैं, जबकि *फ्रेगेरिया चाइलोंसिस* में मोटी पत्तियां मुख्यतः शुष्क जलवायु में आती हैं। यही कारण है कि अन्य जातियों की अपेक्षा इस जाति के पौधे शुष्क जलवायु में अधिक पनपते हैं।

मुकुट (क्राऊन)

स्ट्राबेरी का मुकुट (crown) वास्तव में पौधे के तने का बहुत छोटा भाग हैं परन्तु कभी-कभी बलुई मृदा में यह लंबाई 60 से.मी. तक भी पहुंच जाती है। पाले की दशा के दौरान पौधों के मुकुट में ही सबसे पहले नुकसान होता है।

वृद्धि की प्रकृति

जैसे ही पौधों में नई भूस्तारी तैयार होना शुरू होती हैं तो प्रत्येक पत्ती के केन्द्र से कलिका सहित नई पत्तियां आने लगती हैं। गर्मी के दौरान कुछ कलिकाएं प्रसुप्त (dormant) रहती हैं, कुछ में भूस्तारियों का विकास होता है तथा कभी-कभी शाखा मुकुट का विकास भी होता है। पत्ती के केन्द्र की कलिका का विकास प्रायः अधिकतर शाखीय मुकुट या

पुष्पकलिका में होता है जो मुख्यतः किस्म व जलवायु की दशाओं के ऊपर निर्भर करता है। गर्मी के मौसम में नई पत्तियों की केन्द्र कलिका में से नई भूस्तारियां पैदा होती हैं तथा इनमें पत्तियों का विकास होता है जो पौधों की बढ़वार का मुख्य स्रोत होता है। भूस्तारियों में दो गांठों के बीच की दूरी समान होती है। पौधे की तेज वृद्धि के साथ-साथ भूस्तारियां भी अधिक पैदा होती हैं। इनका आकार तथा लंबाई सामान्य रूप से वृद्धि की दशाओं तथा किस्मों के गुणों पर निर्भर करता है।

वर्गीकरण

स्ट्राबेरी **रोजेसी** कुल के ***फ्रेगेरिया* जीनस** (वंश) की सदस्य है। इसकी आधारीय गुणसूत्र संख्या 7 है। व्यावसायिक स्ट्राबेरी, *फ्रेगेरिया X अन्नानासा* एक 'आक्टोप्लाइड' (अष्ठगुणित) है, जिसकी गुणसूत्र संख्या ($2n$) 56 होती है। *फ्रेगेरिया* जीनस में अन्य 17 जातियां द्विगुणित, चतुर्थगुणित, षष्ठगुणित तथा अष्ठगुणित शामिल हैं। इन 17 जातियों में से *फ्रेगेरिया चाइलोंसिस, फ्रेगेरिया डाल्टोनियाना, फ्रेगेरिया निलग्रेंसिस* तथा *फ्रेगेरिया वेस्का* विश्व के विभिन्न भागों में उगाई जा रही हैं। गुणसूत्रों की संख्या के आधार पर विभिन्न जातियों को चार विभिन्न समूहों में वर्गीकृत किया गया है (सारणी 2)। इनमें से कुछ जातियां किसी न किसी समय उगाई जाती रही हैं तथा कुछ सीमित आधार पर अभी भी उगाई जा रही है।

4. *फ्रेगेरिया* जीनस (वंश) की जातियां

वैज्ञानिकों के अनुसार *फ्रेगेरिया* जीनस की 17 जातियां (स्पीशीज) हैं जिन्हें गुणसूत्रों के आधार पर (आधारभूत संख्या 7) चार समूहों में वर्गीकृत किया गया है। इसमें से 9 द्विगुणित, 3 चतुर्थगुणित, 1 षष्ठगुणित तथा 4 अष्ठगुणित हैं। *फ्रेगेरिया* की विभिन्न जातियों का विवरण इस प्रकार है:

द्विगुणित जातियां (2n = 2x = 14)

फ्रेगेरिया वेस्का (काष्ठीय स्ट्राबेरी) अन्य जातियों की अपेक्षा संसार के विभिन्न भागों में अधिकाधिक वितरित है। यह जाति उत्तरी अमेरिका, उत्तरी एशिया, उत्तरी अफ्रीका तथा यूरोप के कई देशों में पाई जाती है। इसके पौधे सीधे तथा पर्याप्त मात्रा में भूस्तारियां पैदा करते हैं। इसके पौधे पतले, पत्तियां हल्की हरी व पर्णवृत्त चपटा भूरा होता है। इसके पौधे पर्णवृत्त की समान लंबाई के पुष्पक्रम पैदा करते हैं। पुष्प द्विलिंगी होते हैं तथा वे सामान्य रूप से स्व:निषेचित होते हैं। फल लंबे, अंडाकार, चमकीले लाल रंग के तथा सामान्य रूप से अच्छी सुगंध वाले होते हैं। इसकी चार उपजातियां हैं जैसे *फ्रेगेरिया वेस्का* उपजाति *वेस्का* (यूरोप एवं एशिया); *फ्रेगेरिया वेस्का* उपजाति *अमेरिकाना* (पूर्वी उत्तरी अमेरिका से ब्रिटिश कोलम्बिया तक); *फ्रेगेरिया वेस्का* उपजाति *ब्रेक्टेटा* (पश्चिमी उत्तरी अमेरिका) तथा *फ्रेगेरिया वेस्का* उपजाति *कैलिफोर्निका* (कैलिफोर्निया)। *फ्रेगेरिया वेस्का* जाति *लेक्टेटा* के सिवाय बाकी सभी उपजातियां स्व:निषेचित हैं जिनमें अक्सर द्विलिंगी पुष्प तथा कभी-कभी मादा पुष्प भी बनते हैं।

फ्रेगेरिया विरिडिस यूरोप की मूल जाति है। यह वहां के जंगलों के किनारों पर पाई जाती है। इसके पौधे पतले तथा सीधे, बिना गांठों वाले तथा वे कम मात्रा में भूस्तारियां तैयार करते हैं। इसकी पत्तियां गहरी हरी होती हैं। पुष्पक्रम छोटा परन्तु *फ्रेगेरिया वेस्का* से बड़ा होता है। पुष्प

मुख्यत: द्विलिंगी होते हैं। फल छोटे, दृढ़, गुलाबी से लाल रंग के तथा अच्छी सुगंध वाले होते हैं। स्व:परागण के बाद कभी-कभी इसके फलों में कुछ मात्रा में जीवन क्षम बीज पैदा होते हैं।

फ्रेगेरिया निलग्रेंसिस, चीन तथा दक्षिण पूर्व एशिया में पाई जानी वाली प्रजाति है। इसके पौधे मांसल व फैलने वाले होते हैं तथा वे मजबूत भूस्तारियों पैदा करते हैं। पत्तियां बड़ी, गहरी तथा उच्च जालवत वाली होती हैं। पुष्पक्रम छोटा होता है जिनमें छोटे-छोटे द्विलिंगी पुष्प लगते हैं। फल हल्के गुलाबी, बहुत बीजों सहित व बिना स्वाद वाले होते हैं।

सारणी 2. स्ट्राबेरी की जातियां एवं उनके गुणसूत्र स्तर

गुणसूत्र स्तर	वितरण
2x = 14	मध्य एशिया तथा दूर पूर्व
4x = 28	पूर्व तथा दक्षिण पूर्व एशिया
6x = 42	यूरोप, उत्तरी अमेरिका तथा दक्षिणी अमेरिका
8x = 56	मध्य तथा उत्तरी अमेरिका, चिली, पेरू, जापान का कुरील द्वीप समूह तथा हवाई द्वीप

फ्रेगेरिया डाल्टोनियाना जाति हिमालय के क्षेत्र, सिक्किम (भारत) में थोड़े क्षेत्रफल पर समुद्रतल से 3,000-4,000 मीटर की ऊंचाई पर पाई जाती है। पतले भूस्तारियों सहित पौधे ओजस्वी होते हैं जिनमें चमकीली पत्तियां आती हैं। पत्तियों के ठण्ड़ल चमकीले तथा किनारे खुरदरे होते हैं। पुष्प गुच्छे में न आकर अकेले-अकेले आते हैं। फल लम्बवत् या सुच्चयाकार, 2.0 से 2.5 से.मी. लम्बे, चमकीले लाल रंग के तथा स्वादविहीन होते हैं।

फ्रेगेरिया नोवीकोला के पौधे रूस तथा हिमालय क्षेत्र, सिक्किम (भारत) में समुद्रतल से 1,500 से 4,000 मी. की ऊंचाई पर पाये जाते

हैं। पौधे *फ्रेगेरिया वेस्का* के पौधों जैसे होते हैं किन्तु पुष्प एकलिंगाश्रयी होते हैं।

फ्रेगेरिया इन्यूमी जाति अल्पाइन पर्वत के मध्य तथा उत्तरी जापान में पाई जाती है। इसके पौधे ओजस्वी तथा भूस्तारियां सीधी व पतली होती हैं। पत्रक छोटे, ठण्ड़ल छोटे तथा दंताकार व खुरदरे होते हैं। पुष्पों में प्राय: 6-8 दल तथा इनकी पत्तियां *फ्रेगेरिया विरजिनियाना* जाति जैसी होती हैं। इसमें एक या दो पुष्प लगते हैं। फल अण्डाकर, एक तरफ से नुकीले तथा लगभग स्वादविहीन होते हैं।

फ्रेगेरिया येसोंसिस जापान की मूल जाति है। इसके पौधे पतझड़ तथा जाड़ों में पूर्णतः प्रसुप्त होते हैं।

फ्रेगेरिया निप्पोनिका जाति जापान के पहाड़ों में पाई जाती है। इसकी बनावट *फ्रेगेरिया येसोंसिस* जैसी होती है किन्तु पुष्पवृत्त में रोयें अवरोही क्रम में होते हैं। फलों का आकार अण्डाकार से वर्त्तुलाकार होता है तथा ये खाने में स्वादिष्ट नहीं होते हैं।

फ्रेगेरिया मन्दशुंरिका, मेनचोरिया में पाई जाने वाली प्रमुख जाति है। यह आटोटेट्राप्लाइड जैसी होती है तथा वैज्ञानिक मानते हैं कि *फ्रेगेरिया ओरियन्टेलिस* इसकी पूर्वज जाति हो सकती है। इसमें उभयलिंगी फूल आते हैं परन्तु वे स्व:निषेचित नहीं हो पाते हैं क्योंकि इनमें स्व:अनिषेच्यता (self-incompatability) की समस्या है। इसके फल मीठे कम व खट्टे अधिक होते हैं एवं उनमें पीले रंग के बीज पाए जाते हैं।

चतुर्थगुणित जातियां (2n = 4x = 28)

फ्रेगेरिया मोडपिनेंसिस जाति मुख्यत: पूर्वी तिब्बत, यमन तथा पश्चिमी चीन में पाई जाती हैं। इसके पौधे एकलिंगाश्रयी तथा *फ्रेगेरिया निलग्रेंसिस* के समान होते हैं। पत्तियां त्रिपर्णक (ट्राइफोलिएट) एवं छोटे पत्रकों सहित पर्णवृन्त के नीचे आती हैं। फूल तने अक्सर पत्तियों के ठण्ड़लों से लम्बे होते हैं। पुष्पक्रम में 2 से 4 फूल होते हैं। फल छोटे तथा नारंगी लाल रंग के होते हैं।

फ्रेगेरिया ओरियन्टेलिस जाति मुख्यतः पश्चिमी साइबेरिया, मंगोलिया, मनचोरिया तथा कोरिया में पाई जाती है। पौधे छोटे तथा सीधे होते हैं एवं वे पतली भूस्तारियां पैदा करते हैं। पत्तियां अण्डाकार, अवृन्त जैसी तथा हल्की हरी होती हैं जिनके किनारे दांतेदार होते हैं। पुष्पक्रम में वैसे तो छोटे-छोटे फूल आते हैं लेकिन कभी-कभी कुछ लम्बे फूल भी आते हैं। फल मुलायम, शंक्वाकार से गोल तथा सुगन्ध वाले होते हैं।

षष्ठगुणित जातियां (2n = 6x = 42)

फ्रेगेरिया मोसकटा जाति उत्तरी तथा केन्द्रीय यूरोप, रूस तथा साइबेरिया में पाई जाती है। पौधे एकलिंगाश्रयी, ओजस्वी, लम्बे होते हैं तथा वे अच्छी भूस्तारियां पैदा करते हैं। पत्तियां बड़ी, अधिक जालवत वाली एवं कम हरी होती हैं। पुष्पक्रम प्रायः पत्ती पर्णवृन्त (stalk) की अपेक्षा लम्बे होते हैं तथा इनमें ज्यादा फूल लगते हैं। फल हरे लाल, मुलायम, गोलाकार से चपटे-अण्डाकार एवं सुगंधित सुवास वाले होते हैं। इसकी व्यावसायिक किस्मों में पूर्ण पुष्प पाएं जाते हैं।

अष्ठगुणित जातियां (2n = 8x = 56)

फ्रेगेरिया चाइलोंसिस जाति अलास्का के शान्त किनारों, केन्द्रीय कैलिफोर्निया, चिली तथा हवाई में पायी जाती है। यह जाति अब सीमित क्षेत्रों में ही उगाई जा रही है किन्तु पहले यह चिली, पेरू तथा इक्वाडोर आदि क्षेत्रों में बहुत बड़े स्तर पर उगाई जाती थी। पौधे कम फैलने वाले, ओजस्वी एवं अधिक भूस्तारियां पैदा करने की क्षमता रखते हैं।

फ्रेगेरिया चाइलोंसिस के जंगली पौधे मुख्यतः एकलिंगाश्रयी होते हैं, हालांकि कैलिफोर्निया तथा चिली में इस जाति के द्विलिंगी पौधे भी पाये जाते हैं। पत्तियां मोटी, गहरी हरी तथा अधिक चिकनी होती हैं। फल बहुत बड़े, हल्के से चमकीले लाल, दृढ़, सफेद गूदे वाले लेकिन अप्रिय स्वाद वाले होते हैं। *फ्रेगेरिया चाइलोंसिस* उपजाति *चाइलोंसिस,*

फ्रेगेरिया चाइलोंसिस उपजाति *ल्यूसिडा, फ्रेगेरिया चाइलोंसिस* उपजाति *पेसिफिका* तथा *फ्रेगेरिया चाइलोंसिस* उपजाति *सेन्डविसोंसिस* आदि *फ्रेगेरिया चाइलोंसिस* जाति की महत्वपूर्ण उपजातियां हैं।

फ्रेगेरिया विरजिनियाना पूरे मध्य तथा पूर्वी-उत्तरी अमेरिका में पाई जाती है। पौधे पतले तथा लम्बे एवं वे पर्याप्त मात्रा में भूस्तारियां पैदा करते हैं। ज्यादातर पौधे द्विलिंगाश्रयी होते हैं किन्तु कुछ पौधे एकलिंगी फूल भी अच्छी मात्रा में पैदा करते हैं। इसमें फल मुलायम, गोल, हल्के लाल, सुगंधित, सफेद गूदे वाले होते हैं जिनमें बीज भी होते हैं। इसके पौधे तथा फल के गुणों में बहुत भिन्नता पाई जाती है। *फ्रेगेरिया विरजिनिआना* जाति की कई महत्वपूर्ण उपजातियां हैं।

फ्रेगेरिया विरजिनियाना उपजाति *विरजिनियाना; फ्रेगेरिया विरजिनियाना* उपजाति *ग्लूका; फ्रेगेरिया विरजिनियाना* उपजाति *प्लेटाइपत्ताला* तथा *फ्रेगेरिया विरजिनियाना* उपजाति *ग्रेयाना* आदि *फ्रेगेरिया विरजिनियाना* जाति की महत्वपूर्ण उपजातियां हैं। *फ्रेगेरिया इटूरूपेंसिस* स्ट्राबेरी की एक अन्य अष्ठगुणित जाति है, जो कि जापान के कुरील द्वीपसमूह में पाई जाती है। इसके पुष्प द्विलिंगी तथा फल अधिकतर गोलाकार तथा लाल रंग के होते हैं।

आधुनिक स्ट्रोबेरी, *फ्रेगेरिया* X *अन्नानासा,* जो कि *फ्रेगेरिया विरजिनियाना* व *फ्रेगेरिया चाइलोंसिस* का संकरण है, भी एक अष्ठगुणित जाति है।

आज के समय में *फ्रेगेरिया जीनस* की प्रमुख जातियों में अधिकतर *फ्रेगेरिया* X अन्नानासा की खेती ही व्यावसायिक स्तर पर की जा रही है।

5. मृदा और जलवायु

स्ट्राबेरी एक शाकीय पौधा है जो अन्य फलवृक्षों से एकदम भिन्न है। यही कारण है कि इसकी खेती/बागवानी भी अन्य फलों से भिन्न होती है। अतः इसकी बागवानी शुरू करने से पहले मिट्टी, स्थान व जलवायु का उचित चुनाव आवश्यक है।

स्थापन तथा स्थिति

स्ट्राबेरी को सफलतापूर्वक उगाने के लिए अच्छी जगह व स्थान सहित ठीक भूमि का चुनना पहला कदम है। व्यावसायिक स्ट्राबेरी पौध रोपण के लिए स्थान का चुनाव पहला महत्वपूर्ण कारक है जिसके लिए निम्नलिखित बातों को हमेशा ध्यान में रखना चाहिए:

(अ) बाजार तक पहुंच।

(ब) परिवहन सुविधाएं।

(स) पर्याप्त मजदूरों की उपलब्धता।

(द) समुदाय का रूख।

(य) सही जलवायु।

यदि इसे साधारण बाजार के लिए उगाया जाना हो तो अन्य फलों की अपेक्षा स्ट्राबेरी हेतु अच्छी जगह का चुनाव करें। व्यावसायिक स्तर पर स्ट्राबेरी की खेती प्रारंभ करने से पहले किसान इस बात का ध्यान अवश्य रखें कि स्थान विशेष में उचित दर पर मजदूर उपलब्ध हों, खासकर फल तुड़ाई के समय पर्याप्त मजदूर उपलब्ध हो।

अन्य महत्वपूर्ण कारक हैं कि उस स्थान पर मृदु पानी हो, जमीन ढ़लवां हो तथा यह अच्छी किस्म की हो। हल्की ढ़लान स्ट्राबेरी की खेती के लिए बहुत अच्छी है, क्योंकि इसमें अच्छा जलनिकास होता है जबकि

ज्यादा ढ़लवा मृदा में मृदाक्षरण की समस्या रहती है। इसलिए इसकी खेती के लिए ऐसी मृदा ठीक नहीं होती। यद्यपि यदि स्थान ढ़लवा है तो कन्टूर (contour) पौध रोपण कर सकते हैं। इससे मृदा एवं नमी दोनों का संरक्षण ठीक होता है।

मृदा

स्ट्राबेरी को भारी मृदा से कंकड एवं पथरीली जैसी कई तरह की मृदाओं में उगाया जा सकता है परन्तु ध्यान देने वाली बात यह है कि स्ट्राबेरी की जड़ें रेशेदार होती हैं व ये भूमि की ऊपरी परत में 25-30 से. मी. तक ही सीमित रहती हैं। अतः झरझरी, रेतीली मृदा जिसमें ह्यूमस की अधिक मात्रा हो, स्ट्राबेरी की व्यावसायिक खेती के लिए सर्वोत्तम है। हालांकि ऐसी मृदा में बार-बार सिंचाई की आवश्यकता होती है। भारी मृदा में जड़ों का फैलाव अच्छी तरह से नहीं होता है, जिससे पौधों की बढ़वार, फलन एवं उपज पर प्रतिकूल प्रभाव पड़ता है। अधिक पी.एच. मान वाली मृदाओं में भी स्ट्राबेरी की उपज पर बुरा प्रभाव पड़ता है। परन्तु थोड़ी अम्लीय मृदा, जिसका पी.एच. मान 5.8 से 6.5 तक हो, उसमें यह अच्छी फूलती व फलती है। अतः जहां तक संभव हो, स्ट्राबेरी की बागवानी शुरू करने से पहले मृदा की जांच किसी प्रयोगशाला में अवश्य करवा लें, जिससे मृदा की स्थिति का सही पता चल जाय।

जलवायु

स्ट्राबेरी विभिन्न प्रकार के जलवायु की दशाओं जैसे शीतोष्ण, उपोष्ण एवं उष्ण आदि में लगाई जा सकती है, परन्तु शीतोष्ण जलवायु ही इसके लिए अति उत्तम है। अतः इसका सफल उत्पादन केवल पहाड़ी क्षेत्रों में ही ज्यादा अच्छा होता है। हालांकि अब नई किस्मों के विकास व प्रौद्योगिकी मानकीकरण से इसकी खेती हर तरह की जलवायु में की जा रही है। मैदानी भागों में तापमान अधिक होने के कारण इसका सफल उत्पादन नहीं किया जा सकता। साधारणतः यह पाया गया है कि पौधे की वृद्धि के लिए जाड़े में निम्न तापमान की आवश्यकता होती है तथा फूलने

के लिए बसंत ऋतु की साधारण गर्मी की। स्ट्राबेरी में सभी जलवायु कारकों में से तापमान का ही सबसे अधिक प्रभाव होता है। दिन का तापमान 22-23 डिग्री सैल्सियस पौधे की बढ़वार एवं अच्छी फलत हेतु अति उत्तम पाया गया है। स्ट्राबेरी के पौधे एवं पूलों पर पाले का अधिक असर पड़ता है। तापमान तथा दिन की लंबाई का स्ट्राबेरी की वृद्धि तथा पैदावार दोनों पर प्रभाव पड़ता है। इनके द्वारा पौधे में हार्मोन्स का नियंत्रण होता है। विभिन्न जलवायु कारकों का स्ट्राबेरी पर प्रभाव का संक्षिप्त इस प्रकार है:

प्रकाशकाल का प्रभाव : स्ट्राबेरी में फूलने के समय पर दीप्तिकाल/प्रकाश काल (photoperiod) का बहुत ही प्रभाव होता है। तापमान तथा प्रकाशकाल x तापमान दोनों का भी प्रभाव होता है। स्ट्राबेरी किस्मों का वर्गीकरण भी दिन की लम्बाई (day length) के आकार पर किया गया है। अतः स्ट्राबेरी में छोटे दिवस (short-day), लंबे दिवस (long-day) या दिवस निष्प्रभावी (day-neutral) आदि तीन तरह की किस्में पाई जाती हैं। 14 घंटे से कम के प्रकाश काल में छोटे दिवस की किस्मों में फूल निकलते हैं, हालांकि ये किस्में लंबे दिवस पर असावधानी से लगातार फूलती हैं। यदि पर्यावरण का तापमान 16 डिग्री सैल्सियस से कम हो। दिवस निष्प्रभावी किस्में प्रायः हर मौसम में फूलने वाली होती हैं। दिवस निष्प्रभावी किस्में छोटे दिवस की किस्मों की अपेक्षा अधिक तापमान पर कम संवेदनशील होती हैं। तीसरा समूह छोटे दिवस तथा लंबे दिवस के बीच का है जो कि लंबे दिवस की दशा में फूलती हैं।

उत्तरी भारत की दशाओं में स्ट्राबेरी में फल कलिका बनना मध्य नवम्बर से शुरू होता है, हालांकि यह मुख्यतः आनुवंशिक बनावट पर निर्भर करता है। प्रकाश की विभिन्न गुणवत्ता, फूल बनने की दशाओं, अगेतेपन व पिछलेपन, डंठल की लंबाई तथा पौधे (रनरज) बनने को भी कुछ किस्मों में प्रभावित कर सकती है।

साधारणतः स्ट्राबेरी में फूल आने की प्रक्रिया निम्न क्रमवार प्रकाश काल में हो सकती है। जैसे जब प्रकाश काल छोटा हो (10 घंटे), अंधकार काल लंबा हो (14 घंटे), प्रकाशकाल तथा अंधकारकाल दोनों छोटे हों (10 घंटे प्रत्येक) तथा प्रकाशकाल तथा अंधकारकाल दोनों लंबे हों (14 घंटे प्रत्येक)। इसलिए स्ट्राबेरी में प्रकाशकाल की अपेक्षा अंधरेकाल की अवधि ज्यादा महत्वपूर्ण कारक है क्योंकि यह इसमें फूल आने व बनने की प्रक्रिया को नियंत्रित करता है। स्ट्राबेरी की वानस्पतिक वृद्धि, सरंचना तथा पैदावार पर प्रकाश काल काफी प्रभावी होता है। यह कई बार पाया गया है कि प्रकाश काल बढ़ने के साथ ही स्टोलन (भूस्तारी) का बनना, डंठल की लंबाई, पत्ती का क्षेत्रफल तथा पैदावार आदि बढ़ती है। हालांकि यह किस्म विशेष पर मुख्यतः निर्भर करता है। आधुनिक स्ट्राबेरी (*फ्रेगेरिया* x *अन्नानासा*) मुख्यतः शीतोष्ण जलवायु तथा कुछ हद तक उपोष्ण जलवायु में लगाई जा सकती है। यह शरद ऋतु में छोटे दिवस तथा कड़ाके की ठण्ड़ या देशांतर रेखा पर जहां शरद ऋतु में लंबे दिन तथा हल्की ठंड होती है, में सफलतापूर्वक लगाई जा सकती है। गोरेल्ला, रैडगॉउन्टलेट, सेंगा सेंगाना को उत्तरीय दशाओं में उगाया जा सकता है जबकि टियोगा तथा टोरे जैसी महत्वपूर्ण किस्में देशांतर रेखा की जलवायु में पैदा की जा सकती हैं, हांलाकि अनेकों दिवस निष्प्रभावी किस्मों (सेल्वा, फर्न, हेकर, एम्टॉस, ट्रिब्यूट, ट्राईस्टार आदि) को विकसित करके स्ट्राबेरी को पूरे साल उगाया जाना संभव हो गया है।

तापमान : वातावरण तथा मृदा के तापमान का स्ट्राबेरी की वृद्धि तथा विकास पर बहुत की प्रभाव पड़ता है। हांलाकि तापमान का यह प्रभाव प्रायः किस्म तथा प्रजातियों के परस्पर संबंधी कार्यों पर निर्भर होता है। स्ट्राबेरी की सभी किस्मों तथा प्रजातियों को उगाने के लिए 15 डिग्री सेल्सियस सर्वोत्तम तापमान पाया जाता है, यद्यपि यह 20-26 डिग्री सेल्सियस के बीच तापमान पर सबसे अच्छी उगती है, किन्तु कम तापमान की अवधि बढ़ाने से मुकुट को नुकसान हो सकता है। बसंत या शरद ऋतु

में पाले के परिणाम से स्ट्राबेरी के प्रजनन अंगों को भी नुकसान होता है। इसमें खुले फूलों में ठंड से हानि –2 डिग्री सेल्सियस पर होती है, यद्यपि विभिन्न किस्मों के फूल –4.5 डिग्री सेल्सियस पर जीवित रहते हैं। परन्तु, अब ऐसी किस्मों का चयन हो चुका है जो –30 डिग्री सैल्सियस पर भी प्रभावित नहीं होती और बंसत ऋतु में अच्छी फलत देती हैं।

प्रकाश काल तथा तापमान में परस्पर संबंध : स्ट्राबेरी के लगातार वानस्पतिकरण तथा प्रजनन में प्रकाश काल तथा तापमान के परस्पर संबंध (प्राणभूत) अति आवश्यक भूमिका अदा करता है। साधारणतः छोटे दिवस की दशाओं में पुष्प बनने के पक्ष में तथा स्टोलोन के बनने को रोकने आदि के लिए तापमान प्रभावित करता है, किन्तु सर्वोत्तम तापमान पर स्टोलोन तथा पुष्पों का बनना प्रकाश काल पर अत्यधिक निर्भर करता है। छोटे दिवस की आवश्यकता वाली किस्मों में पौधों की बढ़वार व फलत को 14 घंटे से कम प्रकाशकाल तथा ठंड से कम ही नुकसान होता है। उन क्षेत्रों में जहां दरम्यानी ठंडक हो, ऐसी किस्मों में फलत का समय अक्सर अधिक लंबा हो जाता है। सामान्यतः क्रांतिक प्रकाशकाल फूल बनने की प्रक्रिया को रोकता है तथा वानस्पतिक वृद्धि को बढ़ावा देता है। इसके साथ यह डंठल की लंबाई, पत्ती का परिमाण तथा स्टोलोन (भूस्तारी) बनाने में भी सहायता करता है।

लवणीयता

स्ट्राबेरी लवणीयता के प्रति बहुत ही संवेदनशील है। क्षेत्र में कम वर्षा तथा पानी की कम गुणवत्ता से भूमि में ज्यादा लवण एकत्र हो जाते हैं। मिट्टी में विद्यमान उच्च लवण सान्द्रता प्रायः नई निकलने वाली जड़ों तथा उनकी वृद्धि को रोकती है। परिणामस्वरूप पौधों में खराब ठहराव, जड़ों में भोजन की कमी, पत्तियों में पीलापन तथा पौधों में बहुत कम वृद्धि होती है। कभी-2 पौधें मर भी जाते है। जो मरते नहीं हैं उनमें फलों की पैदावार में भी काफी कमी आ जाती है। नमक के कारण होने वाले नुकसान के लक्षण पहले की दिखाई देते हैं। लवणों में मुख्यतः क्लोराइड

की उच्च सान्द्रता ही विशेषकर नुकसान करती है व सोडियम इसकी तुलना में कम नुकसान करता है। स्ट्राबेरी में नमक से होने वाली हानि को कम करने के लिए सही सिंचाई महत्वपूर्ण है। नमक से कूंड सिंचाई विधि से पौधे अधिक प्रभावित होते हैं। अतः इससे हमें हमेशा बचना चाहिए तथा बूंद-बूंद या फव्वारा सिंचाई विधि का प्रयोग करना चाहिए। पर्यावरण दिशा के आधार पर लवणीयता के प्रति स्ट्राबेरी की संवेदनशीलता भिन्न हो सकती है। जैसे यह देखा गया है कि लवणीयता प्रायः ठंडे मौसम की अपेक्षा, गर्मी व शुष्क दशा में अधिक प्रभावित करती है।

जलग्रस्तता

स्ट्राबेरी, मृदा में अधिक नमी तथा अल्प मृदावातन के प्रति अधिक संवेदनशील होती है। ध्यान रहे कि स्ट्राबेरी की जड़ें, अनेक रोगजनकों के प्रति ग्रहणशील होती हैं, जोकि (रोगजनक) अल्प जल निकास/जल ग्रहण मृदाओं में जीवित रहते हैं। स्ट्राबेरी की भोजन प्रदाय जड़ें, अल्प मृदावातन के प्रति उच्च संवेदनशील तथा जल्दी मरती हैं। अतः कुछ समय के लिए खेत में जलमग्नता रहती है तो समझें कि स्ट्राबेरी बहुत जल्दी की नष्ट हो जाएगी। इसलिए स्ट्राबेरी की खेती के लिए स्थान के चुनाव में विशेष ध्यान रखें और सुनिश्चित करें कि उसे खेत में जहां इसकी खेती करनी है सही जलनिकास का प्रबंध हो।

समुद्र तल से ऊंचाई

स्ट्राबेरी को समुद्र तल से 1,500 फुट की ऊंचाई तक आसानी से उगाया जा सकता है किन्तु कम ऊंचाई की तुलना में इस ऊंचाई पर पौधों का विकास देर से होता है। इसलिए मध्यम ऊंचाई की घाटी का क्षेत्र इसकी खेती के लिए सबसे अच्छा रहता है।

अम्लीय कोहरा/धूमिका

स्ट्राबेरी के पौधे अम्लीय कोहरे (acidic fog) के प्रति सहनशील होते हैं किन्तु सल्फ्यूरिक अम्ल वर्षा के प्रति ग्रहणशील होते हैं। इसके

परिणामस्वरूप, पत्तियों, डंठलों तथा फूलों में ऊतक क्षय हो सकता है परंतु फूलों की संख्या पर कोई विशेष प्रभाव नहीं पड़ता। अम्लीय कोहरा दूसरे देशों में स्ट्राबेरी की व्यावसायिक खेती को प्रभावित करता है परन्तु भारत में इसकी विशेष समस्या नहीं है।

कार्बन डाईऑक्साईड की सान्द्रता

स्ट्राबेरी को ग्रीन हाऊस/पॉली हाऊस में उगाने हेतु कार्बन डाईऑक्साईड की सान्द्रता की मुख्य भूमिका होती है। कार्बन डाईऑक्साईड की सान्द्रता (concentration) के बढ़ने से वानस्पतिक वृद्धि तथा पैदावार बढ़ती है लेकिन सान्द्रता 1,000 माइक्रोमोल से ऊपर होने पर पत्तियों के छिद्र (स्टोमेटा) बंद हो जाते हैं तथा वानस्पतिक वृद्धि घट जाती है। अतः स्ट्राबेरी किस्मों को ग्रीन हाऊस की दशाओं में उगाने के लिए सामान्यतः कार्बन डाईऑक्साईड की 750 माइक्रोमोल (μM) सान्द्रता सर्वोत्तम रहती है।

6. क्षेत्रफल तथा उत्पादन

ज्यादातर यूरोपियन देशों में स्ट्राबेरी की व्यावसायिक स्तर पर खेती 18वीं शताब्दी में शुरू हुई। आज के समय विश्व का लगभग 60 प्रतिशत स्ट्राबेरी उत्पादन केवल यूरोप में होता है। कनाड़ा में स्ट्राबेरी उगाने वाले प्रमुख राज्य ऑनटारिया, ब्रिटिश कोलम्बिया तथा क्यूवेक हैं। इसकी व्यावसायिक खेती 18वीं शताब्दी के शुरू में अमेरिका में प्रारंभ हुई तथा 25 वर्षों के भीतर ही इसमें महत्वपूर्ण प्रगति हुई। अमेरिका के अलावा स्ट्राबेरी इजराइल, जापान, टर्की, आस्ट्रेलिया तथा न्यूजीलैंड में उगाई जाती है। पोलैंड में स्ट्राबेरी को केवल प्रसंस्करण के लिए ही उगाया जाता है। 1970 के दशक में स्ट्राबेरी का भारत में प्रथम आगमन राष्ट्रीय पादप एवं आनुवंशिक संसाधन ब्यूरो, क्षेत्रीय अनुसंधान केन्द्र, फागली, शिमला तथा भारतीय कृषि अनुसंधान संस्थान के क्षेत्रीय उद्यान अनुसंधान केन्द्र, शिमला, हिमाचल प्रदेश में हुआ। शुरू में इसे हिमाचल प्रदेश, उत्तर प्रदेश में लोकप्रिय बनाने के प्रयास किए गए किन्तु आयतित किस्मों की अनुकूलनशीलता, प्रति इकाई क्षेत्रफल से कम आय तथा तकनीकी ज्ञान का अभाव आदि इसकी उन्नति में बाधक रहे। हांलाकि कि बाद में टियोगा, टोरे, कैम्ब्रिज फेवरेट, गोरेला, गिलवर्ट, सेंगा सेंगाना, केनोगा, चांदलर तथा सेल्वा आदि किस्में दूसरे देशों से लाई गई तथा विभिन्न कृषि तकनीकों के मानकीकरण के कारण पिछले दशक में इसकी खेती को नई दिशा मिली।

अब इसका क्षेत्रफल तथा उत्पादकता दिन प्रति दिन बढ़ रहे हैं। अब स्ट्राबेरी को शिमला, सोलन, विलासपुर, कांगड़ा, पालमपुर (हिमाचल प्रदेश); सहारनपुर, मुज्जफरनगर, गाजियाबाद (उत्तर प्रदेश); हरिद्वार, देहरादून (उतरांचल); होशियारपुर, लुधियाना, जालंधर, पटियाला (पंजाब); गुडगांव, हिसार, करनाल (हरियाणा); दिल्ली प्रदेश; बंगलौर, कुर्ग (कर्नाटक); कोडईकनाल व पलानी पहाड़ी क्षेत्र (तमिलनाडु) तथा पुणे व महाबलेश्वर

(महाराष्ट्र) में छोटे स्तर पर उगाया जा रहा है।

वर्ष 2002 के दौरान पूरे विश्व में स्ट्राबेरी का कुल उत्पादन 3. 24 मि. टन था (सारणी 3)। विश्व के उत्पादन का लगभग एक तिहाई भाग यूरोप में पैदा होता है। विश्व में स्ट्राबेरी पैदा करने वाले मुख्य देश स्पेन, पोलैंड, जर्मनी तथा फ्रांस हैं। अमेरिका, मिश्र, जापान, इटली तथा रसिया फेडरल पब्लिक में भी अच्छी मात्रा में स्ट्राबेरी पैदा की जाती है (सारणी 3)। दुर्भाग्यवश भारत में स्ट्राबेरी के क्षेत्रफल तथा पैदावार के आंकड़े उपलब्ध नहीं है। हांलाकि अब किसान, स्ट्राबेरी खाने वालों की मांग के कारण, आधुनिक तथा मानकीकृत, कृषि तकनीकों को अपनाने, दिवस निष्प्रभावी किस्मों को उगाने तथा खेती में सुरक्षित उपायों को अपनाने से भारत में भी पिछले कुछ वर्षों में इसके क्षेत्रफल तथा पैदावार दोनों में अप्रत्याशित वृद्धि हुई है।

सारणी 3. वर्ष 2002 में विश्व में स्ट्राबेरी उत्पादन (हजार मि. टन)

देश	पैदावार
विश्व	3,238
1. अफ्रीका	171
मिस्र	57
मोरक्को	90
दक्षिण अफ्रीका	4
2. उत्तरी अमेरिका	1,067
कनाडा	24
मैक्सिको	142
अमेरिका	894
3. दक्षिणी अमेरिका	91
अर्जेन्टीना	9

चिली	24
कोलम्बीया	28
पेरू	18
बेनेजुएला	4
4. एशिया	611
चीन	10
ईरान	22
ईजराइल	17
जापान	210
कोरिया रिपब्लिक	185
लेबनान	30
टर्की	120
5. यूरोप	1,276
आस्ट्रिया	17
बेल-लैक्स	37
बुल्गारिया	10
चैक रिपब्लिक	10
फिनलैण्ड	12
फ्रांस	49
जर्मनी	110
ग्रीस	9
हंगरी	13
इटली	154
नीदरलैण्ड	52
नॉर्वे	8
पौलेण्ड	155
रोमानिया	18
एशिया फेडरल रिपब्लिक	130

स्पैन	329
स्वीडन	9
स्विट्जरलैण्ड	8
यू.के.	45
यूक्रेन	39
यूगोस्लाविया	36
ओसीअनिया	21
आस्ट्रेलिया	15
न्यूजीलैंड	6
सोवियत संघ	102

फूड व कृषि संगठन (F.A.O.) उत्पादन पुस्तिका (2002)

7. प्रमुख सुधरी किस्में

स्ट्राबेरी विभिन्न जलवायु दशाओं में अच्छी पनपती है। अतः इसे हम उपोष्ण से शीताष्ण सभी जलवायु की दशाओं में उगा सकते हैं। स्ट्राबेरी के शोधकर्त्ताओं ने इसकी अनेक आधुनिक किस्मों का विकास तथा विभिन्न शस्य तकनीकों का मानकीकरण करने में अहम भूमिका निभाई है, जिसके परिणामस्वरूप गत वर्षों में स्ट्राबेरी के क्षेत्रफल एवं उत्पादन में अप्रत्याशित बढ़ोत्तरी हुई है। संसार के कई देशों में शोध कर्ताओं ने अनेकों प्रजातियों को जलवायु की विभिन्न दशाओं में मूल्यांकन कर उन्हें व्यावसायिक बागवानी हेतु जारी किया है। परन्तु, अब स्ट्राबेरी उत्पादकों में 'दिवस निष्प्रभावी' किस्में अधिक लोकप्रिय हो रही हैं, क्योंकि ऐसी किस्में दिन की अधिक लंबाई से ज्यादा प्रभावित नहीं होती है तथा उन्हें लगभग पूरे वर्ष लगाया जा सकता है।

आदर्श किस्म के गुण

वैज्ञानिकों के अनुसार स्ट्राबेरी की एक आदर्श किस्म में मुख्यतः निम्नलिखित गुण होने चाहिए:

(1) यह सभी प्रकार के मौसम की दशाओं में उग सके।

(2) यह अधिक संख्या में भूस्तारी पैदा करने की क्षमता रखती हो।

(3) यह अधिक पैदावार के साथ गुणवत्ता वाले फल दे सके।

(4) इसके फल दृढ़ एवं आकर्षक रंग वाले हों।

(5) इसके फल अच्छी प्रसंसाधन गुणवत्ता वाले हों।

(6) फलों के पकने का एक आदर्श समय हो।

(7) फल आकर्षक आकार व सुगंध वाले हों।

(8) यह प्रमुख रोगों व कीट-पतंगों के प्रतिरोधी हो।

(9) यह प्रतिकूल दशाओं में भी अच्छी उपज दे सकती हो।

छायाचित्र-1 : स्ट्राबेरी का पौधा

छायाचित्र-2 : चांदलर स्ट्राबेरी के फल

छायाचित्र-3 : स्वीट चार्ली स्ट्राबेरी के आकर्षक

छायाचित्र-4 : फलों से लदा हनोए किस्म का पौधा

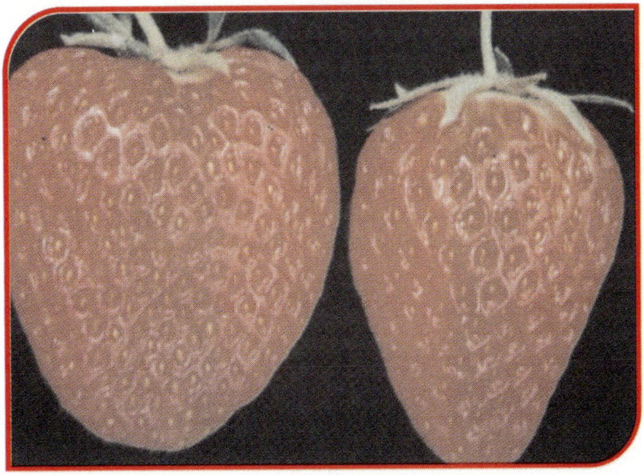

छायाचित्र-5 : नार्थ-वेस्ट किस्म के फल

छायाचित्र-6 : सेंगा सेंगाना किस्म के फल

छायाचित्र-7 : स्पार्कल किस्म के चमकते फल

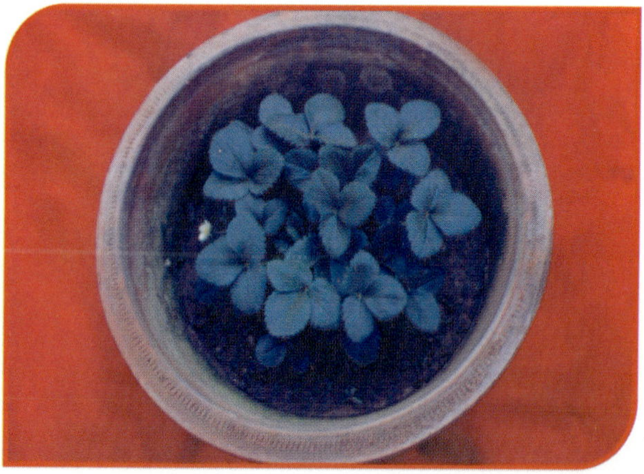

छायाचित्र-8 : गमले में स्ट्राबेरी के पौधे

छायाचित्र-9 : भूस्तारी बनाता स्ट्राबेरी का मातृ पौधा

छायाचित्र-10 : स्ट्राबेरी में पलवार हेतु सूखी घास का प्रयोग

छायाचित्र-11 : स्ट्राबेरी में पलवार हेतु काली पॉलिथीन का प्रयोग

छायाचित्र-12 : स्ट्राबेरी का फूल

छायाचित्र-13 : फलों को पक्षियों से बचाने हेतु स्ट्राबेरी के खेत के ऊपर नाईलोन के जाल का प्रयोग

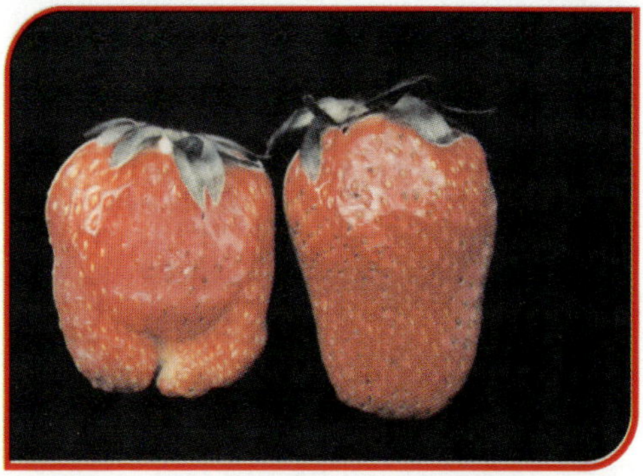

छायाचित्र-14 : सड़न रोग से ग्रसित स्ट्राबेरी के फल

छायाचित्र-15 : रंजनकहीन स्ट्राबेरी के फल

छायाचित्र-16 : स्ट्राबेरी में फलों की कुरचना

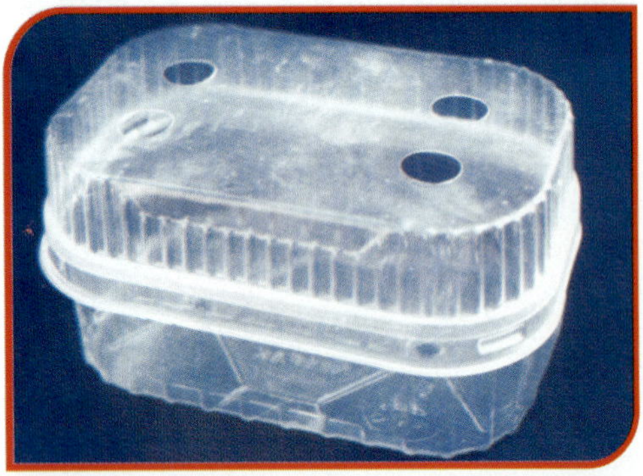

छायाचित्र-17 : स्ट्राबेरी की पैकिंग हेतु प्रयुक्त होने वाला प्लास्टिक का छिद्रयुक्त डिब्बा

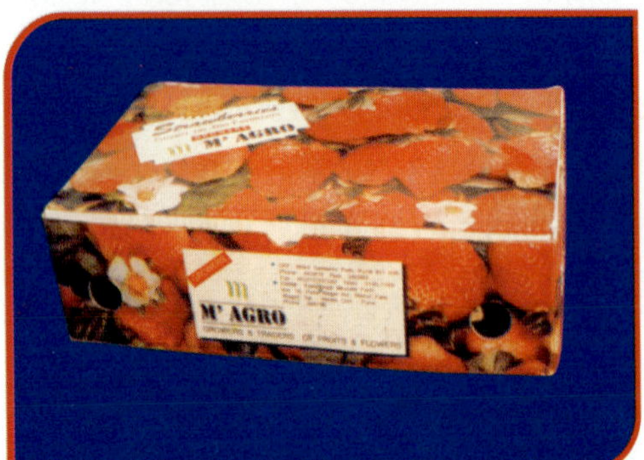

छायाचित्र-18 : विदेशों में स्ट्राबेरी की पैकिंग हेतु प्रयुक्त होने वाला आकर्षक डिब्बा

स्ट्राबेरी शायद एक ऐसा फल है जिसकी संसार में सबसे अधिक किस्मों का विकास हुआ है। उनमें प्रमुख किस्मों के मुख्य गुणों का संक्षिप्त विवरण निम्नलिखित है।

कैम्ब्रिज फेवरेट

यह इंग्लैंड की व्यावसायिक किस्म है। यह एवांट टौट तथा ब्लैक मोर किस्मों के क्रॉस से निकाली गई संकर किस्म है। इसके पौधे ओजस्वी एवं अधिक फैलाव वाले होते हैं। यह किस्म काफी संख्या में भूस्तारी बनाती है। फल बड़े आकार के, रसदार एवं अच्छी सुगंध वाले होते हैं। फल प्रसंसाधन उद्देश्य के लिए अति उत्तम पाए गए हैं। यह किस्म सफेद चूर्णी रोग व ग्लानि रोग रोधी है, परन्तु फल सड़न रोग ग्रहणशील होते हैं।

कैम्ब्रिज विगर

यह किस्म डोरसेट तथा अर्ली कैम्ब्रिज के क्रॉस से तैयार की गई है। इस किस्म के पौधे, कैम्ब्रिज फेवरेट से अधिक ओजस्वी एवं उनके पत्ते चमकीले व गहरे हरे रंग के होते हैं। फल सामान्यतः बड़े परन्तु तुड़ाई के अंतिम समय तक पहुंचते-पहुंचते बहुत छोटे हो जाते हैं। फल 6-7 ग्राम भार, शंक्वाकार, आकर्षक एवं पकने पर नारंगी लाल रंग के हो जाते हैं। गूदा मुलायम, रसदार, हल्का मीठा एवं विशिष्ठ सुगंध वाला होता है। इस किस्म के पौधे मुरझान तथा सफेद चूर्णी रोग ग्रहणशील, सूखे के प्रति अधिक संवेदनशील व रैड स्टीली जड़ सड़न रोग (रैड कोर) रोधी होते हैं। यदि इस किस्म को अच्छी भूमि में लगाया जाए तो यह अधिक संख्या में भूस्तारी पैदा करती है।

कैम्ब्रिज प्राइजविनर

यह अर्ली कैम्ब्रिज तथा हावर्ड-17 के क्रॉस से बनाई गई किस्म है। यह लाल रंग के आकर्षक फलों वाली, अगेती किस्म है। इसके पौधे मध्य आकार व अच्छी बढ़वार वाले होते हैं। फल शंक्वाकार लेकिन कभी-कभी खूंटाकार तथा चमकीले लाल रंग के होते हैं। गूदा मध्य श्रेणी

का ठोस, हल्के लाल रंग, कम अम्ल व मध्यम सुगंध वाला होता है। पौधे रैड स्टीली जड़ सड़न रोग (रैड कोर), उकठा (विल्ट) के प्रति ग्रहणशील, परन्तु फल सड़न रोग के प्रति मध्यम रोगरोधी क्षमता के होते हैं। यह कम भूस्तारी पैदा करने वाली किस्म है।

कैम्ब्रिज राईवल

यह डोरसेट तथा अर्ली कैम्ब्रिज के क्रॉस से बनाई गई किस्म है। इसके पौधे लंबे, सीधे, मध्यम खुलने वाले शिखर, मध्यम ओजस्वी व पीले हरे पत्तों वाले होते हैं। फल बड़े तथा प्रायः खूंटाकार या शंक्वाकार, चमकीले व गहरे लाल रंग वाले होते हैं, जो पूर्णतः पकने पर गाढ़े लाल रंग के हो जाते हैं, परन्तु इनका ऊपरी सिरा नहीं पकता। गूदा दृढ़, लाल रंग, बहुत मीठा तथा विशिष्ठ सुगंध वाला होता है। यह किस्म उकठा (विल्ट) के प्रति ग्रहणशील परन्तु रैड स्टीली जड़ सड़न रोग (रैड कोर) की प्रतिरोधी है। इस किस्म के फलों का रंग सघन लाल होने के कारण ग्राहक इसे अधिक पसंद नहीं करते। इसलिए बाजार में इसके विपणन की अधिक समस्या है।

ब्लोमिडोन

ब्लोमिडोन को, के-72-4 तथा मिकमैक के आपसी क्रॉस से कनाड़ा में निकाला गया है। इसके पौधे ओजस्वी, फल बड़े से बहुत बड़े (15-20 ग्राम), दृढ़, चिकने, मध्यम से गहरे लाल तथा मध्यम लाल गूदे वाले होते हैं। फलों में मनमोहक खट्टी-मीठी सुगंध होती है। फल मध्यम से देर मौसम में पकते हैं। यह सफेद चूर्णी फफूंदी व उकठा (विल्ट) रोग के प्रति सहनशील तथा फल सड़न एवं रैड स्टीली जड़ स्टीली (रैड कोर) रोग की प्रतिरोधी किस्म है।

केनोगा

यह किस्म न्यूयार्क राज्य कृषि परीक्षण केन्द्र से वर्ष 1999 में अनुमोदित की गई है। इसके पौधे ओजस्वी, सीधी बढ़वार एवं गहरे नीले

या हरे रंग के पत्तों वाले होते हैं। फल बहुत ही बड़े आकार (15-20 ग्राम), मोटे छिलके, चपटे एवं गहरे लाल रंग के होते हैं। इसका गूदा लाल रंग का तथा दृढ़ होता है। केनोगा किस्म रैड स्टीली जड़ सड़न रोग (रैड कोर) तथा उकठा (विल्ट) के प्रति ग्रहणशील हे।

कैटस्किल

यह किस्म मार्शल तथा प्रीमियर के क्रॉस से जिनेवा में विकसित की गई है। इसके पौधे ओजस्वी व पत्तियां चमकीली हरी होती हैं। फल बड़े, आकर्षक एवं नजदीकी बाजार में बेचने के लिए अच्छे होते हैं। फल बहुत ही मुलायम होते हैं जिस कारण उन्हें दूरदराज के क्षेत्रों में भेजना मुश्किल होता है। फलों को पकड़ने पर उनमें कालापन आ जाता है। अतः ये प्रसंस्करण के उद्देश्य के लिए उपयोगी नहीं होते हैं। इसके पौधे सफेद चूर्णी, पत्ती धब्बा एवं उक्ठा (विल्ट) आदि रोगों के प्रति सहनशील होते हैं।

डॉवर

डॉवर अधिक पैदावार देने वाली किस्म है, जिसे फ्लोरिडा तथा फ्लोरिडा सलेक्सन 71-189 के क्रॉस से तैयार किया गया है। इस किस्म के फल हल्के व चपटे होते हैं। फल सामान्यतः चिकने तथा एक समान आकार के होते हैं जिनके एक कोने में कुछ हल्के बीज भी होते हैं। पके फलों में आकर्षक गहरा लाल रंग विकसित होता है। फलों का छिलका दृढ़ तथा गूदा मजबूत होता है जोकि तुड़ाई एवं परिवहन से होने वाले आघात (चोट) प्रतिरोधी है। डॉवर एन्थ्रेकनोज रोग के प्रति उच्च रोग रोधी किस्म है। इसके ताजे फल बाजार के लिए अच्छे होते हैं।

अर्लीडॉन

यह संकर किस्म मिडलैंड तथा टीनिज सिपर किस्मों के क्रॉस से विकसित की गई है। अर्लीडॉन के फल अच्छे आकार व चमकीले लाल

रंग के होते हैं। इसके फल अमेरिका की व्यापारिक किस्मों कैटस्किल व प्रीमियर की अपेक्षा अधिक दृढ़ होते हैं। प्रशीतन पर फल अपना कुदरती रंग, दृढ़ता व सुवास को बनाए रखते हैं। अर्लीडॉन अति अगेती व अधिक पैदावार देने वाली किस्म है। इस किस्म के पौधे सफेद चूर्णी व उक्ठा (विल्ट) आदि रोगों के प्रति ग्रहणशील परन्तु फल सड़न रोग के प्रतिरोधी होते हैं।

एलिस्टा

एलिस्टा के पौधे मध्यम ओजस्वी तथा सीधी बढ़वार वाले होते हैं। फल बड़े से मध्यम, गोल शंक्वाकर व कभी-कभी चपटे होते हैं जो पकने पर नारंगी छिलके व गहरे लाल गूदे वाले होते हैं। फल अच्छी सुगंध परन्तु थोड़ी खट्टास वाले होते हैं। मुख्यतः यह अधिक फलत वाली किस्म है, यद्यपि बाद की फसल में फल छोटे आकार के होते हैं। फल अधिकतर पत्तियों के फैलाव में रहते हैं, परन्तु अच्छे दिखवाई पड़ते हैं। यह किस्म फल सड़न तथा सफेद चूर्णी आदि रोगों की प्रतिरोधी है। इसके फल गहरे लाल रंग के कारण प्रसंस्साधन हेतु उपयोगी होते हैं।

चांदलर

यह किस्म कैलिफोर्निया में डॉगलास तथा के.-72361-105 के क्रॉस से विकसित की गई है। इस समय उत्तरी भारत के मैदानी क्षेत्रों में यह बहुत ही लोकप्रिय किस्म है। इसके पौधे ओजस्वी एवं फैलावदार बढ़वार वाले होते हैं। फल बड़े आकार (15-20 ग्राम) एवं अच्छे आकर्षक लाल रंग वाले होते हैं। इस किस्म के फलों में घुलनशील ठोस पदार्थ कम (7-8 प्रतिशत) परन्तु अम्लता अधिक होती है। इस किस्म की भूस्तारी पैदा करने की क्षमता भी अन्य किस्मों की अपेक्षा अधिक होती है। इस किस्म के कारण ही भारत में स्ट्राबेरी की खेती मैदानी भागों (पंजाब, हरियाणा, दिल्ली, उत्तर प्रदेश, कर्नाटक एवं तमिलनाडु) में भी संभव हो पाई है। वर्षा से इस किस्म के फलों को अधिक नुकसान नहीं होता है।

एटना

एटना एक मध्यम मौसम की किस्म है। यह मारलेट तथा बेलरूबी के क्रॉस से विकसित की गई है। पौधे ओजस्वी तथा फैलने वाले होते हैं। फल बड़े तथा पकने पर हल्के लाल रंग के होते हैं। यह खेत तथा ग्रीन हाऊस दोनों दशाओं में अच्छी पैदावार देती है। यह अधिक पैदावार, मध्यम से देर में पकने वाली तथा उक्ठा (विल्ट) की प्रतिरोधी किस्म है।

फर्न

यह कैलिफोर्निया में विकसित, अगेती व दिवस निष्प्रभावी किस्म है। इसके पौधे ओजस्वी परन्तु सीधी बढ़वार वाले होते हैं। फल बड़े-बड़े (15-18 ग्राम) व शंक्वाकार आकार के होते हैं। गूदा बहुत अच्छी सुगंध के साथ दृढ़ होता है। यह ताजे फल एवं प्रसंसाधन दोनों उद्देश्यों के लिए उत्तम किस्म है।

गिलवर्ट

गिलवर्ट के पौधे ओजस्वी एवं अधिक भूस्तारी पैदा करने वाले होते हैं जिनमें लाल रंग के दृढ़ फल लगते हैं। यह किस्म जाड़े से निष्प्रभावी तथा पत्ती झुलसा रोग (लीफ स्कॉर्च) के प्रतिरोधी है। इसके फल मुख्यतः ताजे बाजार परन्तु प्रशीतन के लिए भी ठीक रहते हैं।

गोरेला

यह नीदरलैंड की प्रसिद्ध किस्म है जोकि जेस्पा तथ यू.एस. 3763 के क्रॉस से विकसित की गई है। गोरेला के पौधे मध्यम बढ़वार व मोटे पत्तों वाले होते हैं। फल बहुत बड़े (18-20 ग्राम), शंक्वाकार, गहरे लाल रंग परन्तु कभी-कभी ऊपरी भाग में हरा रंग लिए होते हैं। गूदा एकदम चमकीला, गहरा लाल, रसदार तथा मध्यम श्रेणी की सुगंध वाला होता है।

ग्रीनेडियर

यह वेलेंटाइन तथा फेयरफैक्स के क्रॉस की संतति से चुनकर निकाली गई किस्म है। ग्रीनेडियर के फल प्रीमियर की तरह समान आकार

वाले परन्तु अपेक्षाकृत बड़े आकार के होते हैं। फल गहरे लाल रंग के होते हैं जिन्हें बाजार में अधिकतर पसंद नहीं किया जाता परन्तु ताजे फल खाने के लिए बहुत अच्छे होते हैं। इसके फल जैम, जैली तथा प्रशीतन के लिए भी बहुत अच्छे पाए गए हैं। यह अधिक पैदावार वाली मध्यम देरी से पकने वाली किस्म है। यह किस्म सफेद चूर्णी रोग के प्रति ग्रहणशील पाई गई है।

हनोई

यह विबरेंट तथा होलीडे किस्मों के क्रॉस से विकसित की गई किस्म है। इसके पौधे ओजस्वी एवं सीधी बढ़वार वाले होते हैं। यह जाड़े से निष्प्रभावी तथा अधिक भूस्तारी पैदा करने वाली किस्म है। फल बड़े, आकर्षक, एक समान शंक्वाकार तथा चमकीले लाल रंग के होते हैं।

जेवल

यह किस्म अमेरिका में एन.वाई.-1221 व होलीडे किस्मों के क्रॉस से प्राप्त संतति से वर्ष 1971 में निकाली गई। यह काफी सहिष्णु किस्म है जो गार्डियन किस्म की तरह लगातार अच्छी फसल देने के लिए प्रसिद्ध है। फल बड़े (11-13 ग्राम), चमकीले लाल रंग तथा मध्यम श्रेणी के दृढ़ गूदे वाले होते हैं। फल ताजा खाने एवं प्रशीतन व प्रसंस्करण दोनों के लिए अति उत्तम पाए गए हैं। फल बहुत अच्छे तथा आकर्षक सुगंध वाले होते हैं। जेवल कटाई उपरांत फल सड़नरोधी किस्म है।

लेटस्टार

लेटस्टार, लेटग्लो तथा आलस्टार किस्मों के क्रॉस से निकाली गई है, जिसका विमोचन 1987 में अमेरिका के कृषि विभाग द्वारा व्यावसायिक खेती के लिए किया गया। लेटस्टार का नाम उसकी जनक किस्मों, लेटग्लो तथा आलस्टार के आधार पर रखा गया है। इसके पौधे ओजस्वी होते हैं जिनमें भूस्तारी पैदा करने की बहुत अच्छी क्षमता होती है। फल

बड़े, आकर्षक, दृढ़ गूदे तथा सख्त छिलके वाले होते हैं। फलों का रंग चमकीला लाल होता है। लेटस्टार के पौधे सामान्यतः पत्तियों की सभी बीमारियों तथा फल सड़न रोग के प्रतिरोधी परन्तु पत्ती झुलसा रोग के प्रति ग्रहणशील होते हैं। यह किस्म भारी से लेकर हल्की मृदाओं में अच्छी पनपती है। इसके फल देरी से पकते हैं तथा स्थानीय बाजार के लिए अच्छे होते है।

लेस्टर

इस किस्म का चयन अमेरिका में रारिटान व एम.एस.यू.एस. – 3413 किस्मों के क्रॉस से प्राप्त संतति से किया गया है। इसके पौधे मध्यम से छोटे, मध्यम श्रेणी की भूस्तारी पैदा करने वाले व मध्यम सघन शिखर वाले होते हैं। पत्रक (डंठल) की ऊपरी सतह मध्यम गहरी हरी तथा निचली सतह हल्की मोमीय हरी होती है। प्रारंभिक फल बड़े (18 – 20 ग्राम) तथा सामान्यतः चपटे से शंक्वाकार आकार के होते हैं। यद्यपि द्वितीयक तथा देर से पकने वाले फल आकार में मध्यम तथा छोटे व शंक्वाकार आकार के होते हैं, परन्तु फलों का बाह्य आकार एक समान नहीं होता है। फलों का छिलका चमकीला, हरा लाल व गूदा मध्यम लाल रंग का होता है। छिलका और गूदा दोनों मजबूत होते हैं। ताजे फलों की सुगंध मंद मीठी तथा सुहावनी होती है। यह किस्म फल सड़न रोग के प्रति बहुत सहनशील है।

मार्श

मार्श के वंशक्रमागत में हावर्ड – 17, वीवर, डोरसेट, रॉकहिल, डनलप तथा स्पार्कल जैसी प्रसिद्ध किस्में हैं। इसका नाम 'मार्श', इसके चमकीले लाल रंग के फलों के कारण मार्श ग्रह के नाम पर रखा गया है। मार्श एक ओजस्वी तथा अधिक पैदावार, गहरे हरे मुकुट व एक समान रंग के फल देने वाली किस्म है। इसमें अधिक संख्या में भूस्तारी बनती हैं। फल मध्यम आकार, मध्य मौसम में पकने वाले तथा आकार में अंडाकार, चमकीले लाल रंग सहित गहरे हरे ढ़पनी (कैलिक्स) वाले होते हैं। यह

किस्म सभी प्रकार के पत्ती धब्बा व पत्ती झुलसा आदि रोगों की प्रतिरोधी है। फल प्रशीतन के लिए अच्छे होते हैं और फलों का एक समय पर पकने के कारण यह किस्म यांत्रिक तुड़ाई के लिए उपयुक्त है।

नानैमो

यह किस्म टोटेम तथा कोरोना किस्मों के क्रॉस से विकसित की गई है। इसके पौधे ओजस्वी तथा अधिक भूस्तारी पैदा करने की क्षमता रखते हैं। इस किस्म में उच्च स्तर की जाड़ा सहने की क्षमता है। नामैमो की पत्तियां मध्यम आकार की होती हैं जिनमें हल्के हरे रंग सहित दोनों तरफ समान कटाव के पत्रक होते हैं। फल मध्यम भांर वाले (10-12 ग्राम) व मध्यम चमकीले लाल रंग के होते हैं। अधिकतर फलों का आकार चपटा तथा ऊपरी भाग सिकुड़ा हुआ होता है। यह किस्म पत्ती झुलसा, रेड़ स्टीली जड़ सड़न, जड़ गलन, फलों की तुड़ाई पूर्व सड़न व सफेद चूर्णी आदि रोगों के प्रति ग्रहणशील है। यह अच्छी दिखावट तथा सुगंध के कारण प्रसंसाधन व भोजन उपरांत खाने के लिए विशेषकर उपयोगी है।

पजारो

यह केल.-637-101 तथा सेक्यूआई के क्रॉस से विकसित की गई किस्म है, जिसका विमोचन वर्ष 1979 में कैलिफोर्निया (अमेरिका) में किया गया। फल एक समान आकार, आकर्षक लाल व दृढ़ होते हैं, जो भोजन के बाद खाने के लिए विशेषकर उपयुक्त होते हैं। फल वर्षा से बाह्य क्षति के प्रति ग्रहणशील है। यह अच्छे फल एवं अधिक उत्पादन देने वाली अति अगेती किस्म है। यह फल सड़न, पत्ता झुलसा तथा उक्ठा (विल्ट) आदि रोगों की प्रतिरोधी किस्म है।

पारोस

यह मारमोलाडा तथा इरविन की संकर किस्म है, जिसका व्यावसायिक खेती के लिए विमोचन अमेरिका में वर्ष 1998 में किया गया। पारोस के

फल शंक्वाकार या शंक्वाकार-गोलाकार व नारंगी रंग के होते हैं जो मध्यम अगेती पकने व बहुत अधिक भार (28-31 ग्राम) वाले होते हैं। एक पौधे से एक मौसम में औसतन 820 ग्राम फल मिल सकते हैं।

पेलिकान

इसके पौधे बड़े, ओजस्वी तथा सीधे एवं पत्तियां बड़ी-बड़ी, जो किनारों से प्यालेनुमा उठी हुई होती हैं। पत्तियों का ऊपरी सिरा मध्यम व नीचे की ओर हल्के हरे रंग का होता है। पत्रक बड़े, अंडाकार, गोल तथा शिरा दांतेदार होती है। फल बड़े, मध्यम दृढ़, बहुत लंबे व चपटे आकार सहित चमकीले लाल के होते हैं। आंतरिक गूदा गुलाबी, चिकना, संतुलित, मीठा, रसदार तथा खट्टी-मीठी सुगंध वाला होता है। कुछ दशाओं में फल चटक भी जाते हैं। इस किस्म को क्यारियों में प्लास्टिक प्रणाली में उगाने में अच्छा रहता है।

प्रीमियर

इस किस्म को प्रसिद्ध वैज्ञानिक ए.बी. हॉवर्ड ने मुख्यतः ओंटारियो के व्यावसायिक किस्म के प्रतिस्थापन के लिए ही विकसित किया था। यह क्रिसेंट तथा हावर्ड-17 के क्रॉस से निकाली गई है। ओंटारियो मुलायम फलों वाली किस्म है जिनके फलों के भंडारण पर कालापन आ जाता है। अतः यह प्रसंस्करण के लिए अच्छी नहीं आंकी गई। इसी तरह प्रीमियर किस्म विषाणु रोगों से भी अत्यधिक प्रभावित होती थी। प्रीमियर के विकास से इन समस्याओं का हल हो सका क्योंकि ओंटारियों के फल ताजा खाने व प्रसंस्करण के लिए अति उत्तम होते हैं तथा इसके पौधे उक्ठा (विल्ट), सफेद चूर्णी, पत्ती झुलसा तथा पत्ती धब्बा आदि रोगों के प्रतिरोधी होते हैं।

प्राइमटाईम

एम.डी.यू.एस.-4377 तथा अर्लीग्लो के बीच क्रॉस से विकसित प्राइमटाईम को अमेरिका में व्यावसायिक खेती के लिए वर्ष 1996 में जारी

किया गया। प्राइमटाईम नाम इसलिए दिया गया क्योंकि यह अमेरिका में प्राइम (मुख्य) टाइम (मौसम) के दौरान पकती है। इसके पौधे ओजस्वी तथा अधिक भूस्तारी पैदा करते हैं। इस पर बड़े, एकरूप तथा अच्छी गुणवत्ता वाले फल लगते हैं। फलों का छिलका मध्यम दृढ़ व चमकीला लाल होता है तथा गूदा गुलाबी, मृदु तथा सुहावनी सुगंध वाला होता है। यह जून में फलने वाली, मध्यम मौसम की किस्म है। प्राइमटाईम किस्म रैड स्टीली जड़ सड़न, अनेकों पत्ती तथा फल सड़न रोगों के प्रतिरोधी है। यह स्थानीय बाजार के लिए तो बहुत अच्छी है परन्तु प्रसंस्करण के लिए उतनी उत्तम किस्म नहीं है।

पुगेट रेलाइन्स

पुगेट रेलाइन्स का विकास डब्ल्यूं.एस.यू.-1945 तथा बी.सी. -77-2-72 के क्रॉस की संतति से चुनकर वर्ष 1983 में किया गया। इसके पौधे ओजस्वी व सीधी बढ़वार वाले होते हैं। पत्तियां मध्यम आकार की तथा उनके डंठल रोयेंदार होते हैं। फल सामान्य रूप से चिकने, चमकीले तथा फंसे हुए बीजों के साथ एक रूप में सुच्चाकार होते हैं। तोड़ने के समय ढ़कनी (कैलिक्स) आसानी से अलग हो जाते हैं। यह माहू के प्रति ग्रहणशील परन्तु विषाणु रोगों, पत्ती झुलसा तथा एन्थ्रेक्नोज, फल सड़न जैसे रोगों के प्रति उच्च सहनशील है। पुगेट रेलाइन्स में सफेद चूर्णी तथा रैड स्टीली जड़ सड़न रोगों की कोई समस्या नहीं है।

रैडकोट

वर्ष 1957 के दौरान कनाड़ा में स्पार्कल व वेलेटाइंन के क्रॉस से पौध का चुनाव करके अधिक पैदावार देने वाली रैडकोट किस्म निकाली गई। रैडकोट के फलों का आकार पूरे मौसम में सामान्यत: एक समान रहता है। यह ताजे विपणन के लिए बहुत ही बढ़िया किस्म है। फलों का चमकीला लाल रंग, बहुत की दृढ़ व आकर्षक छिलका तथा उनका भंडारण के समय ठीक बने रहना इस किस्म की प्रमुख विशेषताएं हैं।

यद्यपि पौधे उकठा (विल्ट) तथा पत्ती धब्बा रोगों के प्रति ग्रहणशील, परन्तु वे सफेद चूर्णी रोग के प्रतिरोधी होते हैं।

रैडरिच

यह किस्म रैडग्लो नाम से भी जानी जाती है एवं सदाबहार फलत देने वाली किस्म है। इसका चुनाव मार्केट सरप्राइज तथा सेंगा-सेंगाना किस्मों के क्रॉस से प्राप्त संतति से किया गया है। यह मध्यम अगेती किस्म है जिसके फल हृदयाकार के होते हैं जो सामान्यत: आकार व नाप में एक जैसे होते हैं। फल पकने पर चिकने व चमकीले लाल रंग के होते हैं। यह स्ट्राबेरी की बहुत की अच्छी व प्रत्येक मौसम में फलत देने वाली किस्म है, परन्तु इसमें भूस्तारी कम बनते हैं। इसके फल भोजन खाने के बाद के लिए बहुत अच्छे तथा प्रशीतन के लिए भी ठीक पाए गए हैं। फलों का गूदा दृढ़, चमकीला लाल तथा खट्टे-मीठे स्वाद व अच्छी सुगंध वाला होता है। अच्छी पैदावार के साथ उच्च गुणवत्ता वाले फल, ताजे खाने, प्रशीतन के लिए या जैम बनाने के लिए ठीक होते हैं।

रैडक्रेस्ट

यह किस्म लिन तथा टोटेम के क्रॉस से विकसित की गई है। रैडक्रेस्ट के पौधे ओजस्वी, फैलने वाले व अच्छी संख्या में भूस्तारी पैदा करते हैं। इसकी पत्तियां हल्की हरी होती हैं। ज्यादातर फूल हरे भाग के ऊपर या उसके पास से निकलते हैं। इसमें पाले की समस्या नहीं है क्योंकि यह पछेती किस्म है। फलों का मध्यम आकार (10-12 ग्राम) व आकर्षक लाल रंग होता है। पौधे झुलसा तथा रैड स्टीली जड़ गलन रोगों के प्रतिरोधी है। इसकी पैदावार टोटेम किस्म के बराबर या थोड़ी सी कम होती है, जो अमेरिका की बहुत ही लोकप्रिय किस्म है। रैडक्रेस्ट उच्च गुणवत्ता वाली व प्रसंस्करण के उद्देश्य के लिए चुनी गई किस्म है।

रैड़गॉन्टलेट

यह न्यू जर्सी-1051 तथा क्लाइमैक्स किस्मों के क्रॉस की संतति है जो अधिक उत्पादन देने वाली किस्म है। यह पूरे तुड़ाई मौसम में अच्छे

आकार के फल पैदा करती है। पौधे बड़े, ओजस्वी परन्तु कम उपजाऊ जमीन में ये अच्छी वृद्धि नहीं कर पाते व कम फलत देते हैं। फल बड़े से बहुत बड़े (25-30 ग्राम), गोल से चपटे-गोलाकार, चौड़े, कुछ बीजों के साथ आकर्षक, चितकबरे तथा पकने पर गहरे लाल रंग के होते हैं। गूदा दृढ़, अच्छा रसदार, गहरा चितकबरे रंग व अच्छी सुगंध वाला होता है। फलों का डंठल सामान्यत: कठोर होता है जिस कारण फलों की तुड़ाई मुश्किल होती है। यह रैड़-स्टीली जड़ सड़न रोग तथा उकठा (विल्ट) के प्रति रोगरोधी किस्म है। यह किस्म गर्म दशा तथा छायादार स्थान पर अच्छी पैदावार देती है।

स्कॉट

स्कॉट, सनराइज व टियोगा किस्मों के क्रॉस से विकसित की गई है। इसका नाम विश्व विख्यात स्ट्राबेरी प्रजनक डी.एच. स्कॉट के नाम पर रखा गया है। यह ओजस्वी तथा बहुत भूस्तारी पैदा करने वाली किस्म है। फल बड़े, मध्यम देर से पकने वाले होते हैं जिनमें गूदा दृढ़ तथा छिलका रगड़ (आघात) प्रतिरोधी होता है। फल आकर्षक तथा चपटे आकार के होते हैं। फलों का बाह्य रंग चमकीला लाल, गूदा ठोस व हल्के लाल रंग सहित मंद तथा सुहावनी सुगंध वाला होता है। यह जड़ सड़न, उक्ठा (विल्ट), पत्ती धब्बा तथा सफेद चूर्णी आदि रोगों के प्रति तो अर्द्धप्रतिरोधी है, परन्तु एन्थ्रेक्नोज के प्रति ग्रहणशील है।

सेल्वा

भारत में यह किस्म कैलिफोर्निया से लाई गई है। यह किस्म पहाड़ों (ठण्डे क्षेत्र) के अलावा मैदानी क्षेत्रों में भी अच्छी पैदावार देती है। इस किस्म के पौधे मध्यम बढ़वार वाले होते हैं, जो मध्यम आकार (6-7 ग्राम) व मध्यम गठन वाले फल पैदा करते हैं। फल ताजा खाने के लिए बढ़िया होने के साथ-साथ जैम-जैली आदि बनाने के लिए भी उपयुक्त पाए गए हैं, क्योंकि फलों में ठोस घुलनशील पदार्थ (7-8 प्रतिशत) एवं

अम्लता (0.7 से 0.8 प्रतिशत तक) मध्यम दर्जे की होती है। उत्तरी भारत के मैदानों में यह किस्म मार्च के तीसरे सप्ताह में पककर तैयार हो जाती है।

सेंगा सेंगाना

यह किस्म मार्की तथा सिगर किस्मों के क्रॉस से प्राप्त संतति से चुनकर निकाली गई है। यह रूस की प्रसिद्ध किस्म है जो भारत के मध्यम पहाड़ी क्षेत्रों की जलवायु में बहुत अच्छी फलती है। इस किस्म के पौधे ओजस्वी होते हैं। फल, मध्यम आकार (8-10 ग्राम), आकर्षक लाल रंग एवं मध्यम दृढ़ता वाले होते हैं। खाने के लिए सर्वोत्तम किस्म के साथ इसके फल प्रशीतन, औद्योगिक जैम व जैली बनाने के लिए भी उचित हैं।

स्पार्कल

यह किस्म स्पार्कल पेमास्टर के नाम से भी जानी जाती है जिसे फेयरफैक्स एवं एबेरडीन के क्रॉस से विकसित किया गया है। इसके पौधे ओजस्वी तथा फैलने वाले होते हैं। फल आकर्षक, मध्यम आकार, दृढ़, प्रशीतन तथा खाने के लिए आदर्श होते हैं। यह किस्म अधिक पैदावार देती है। इसके पौधे उक्ठा (विल्ट), पत्ती झुलसा तथा पत्ती धब्बा आदि रोगों के प्रति ग्रहणशील, परन्तु सफेद चूर्णी रोग के प्रतिरोधी होते हैं।

स्योरक्रॉप

स्योरक्रॉप, फेयरलैंड तथा मैरीलैंड के क्रॉस का परिणाम है जिसके पौधे ओजस्वी तथा गहरे हरे पत्तों के साथ फैलने वाले होते हैं। फल मध्यम आकार, शंक्वाकार, सारे मौसम तथा भंडारण में एक समान आकार में बने रहते हैं। फलों का आकर्षक लाल रंग, दृढ़ छिलके वाले, खाने में अच्छे तथा प्रशीतन के लिए संतोषजनक होते हैं। पौधे रैड़ स्टीली जड सड़न रोग की कुछ रेशों के प्रतिरोधी तथा उक्ठा रोग (विल्ट) तथा पत्ती धब्बा आदि रोगों के प्रति ठीक-ठाक प्रतिरोधी होते हैं।

स्वीट चार्ली

स्वीट चार्ली ए.एल.-80-456 तथा पजारो के क्रॉस से विकसित की गई किस्म है जिसे फ्लोरिडा (अमेरिका) में वर्ष 1997 में व्यावसायिक खेती के लिए जारी किया गया। इसका नाम फ्लोरिडा विश्वविद्यालय के विश्व प्रसिद्ध पादप रोग विशेषज्ञ माननीय स्वर्गीय चर्लेस एम. (चार्ली) हॉवर्ड के नाम पर 'स्वीट चार्ली' रखा गया है। इसके पौधे गठे हुए, छोटे तथा अच्छी भूस्तारी पैदा करने वाले होते हैं। पत्तियां छोटी, सामान्यतः हल्की प्यालेनुमा आकार व मध्यम से गहरे हरे रंग की तथा अर्द्धचमकीली होती हैं। प्राथमिक (पहले) फलों का सामान्यतः चपटा आकार होता है जबकि बाद के फल शंक्वाकार से चपटे आकार के होते हैं। फल बड़े (औसत भार 17 ग्राम) जिनका बाह्य रंग नारंगी लाल तथा गूदे का रंग सफेद नारंगी होता है। स्वीट चार्ली के फल परिमित आकार, दृढ़ गूदे, उच्च मात्रा में एस्कार्बिक एसिड (53 मिग्रा./100 ग्राम फल भार), ठोस घुलनशील पदार्थ (12 प्रतिशत), हल्की अम्लता (0.66 प्रतिशत) व विशिष्ठ मीठी सुगंध वाले होते हैं। यह अगेती फलत देने वाली किस्म है जो हल्के ठंडे मौसम में अच्छी उगती है। यह एन्थ्रेक्नोज रोग के प्रतिरोधी परन्तु फोमॉसिस ब्लाइट (झुलसा), सफेद चूर्णी रोग तथा दो धब्बे वाली स्पाईडर माइट के प्रति ग्रहणशील है।

टिल्लिकुम

टिल्लिकुम दिवस निष्प्रभावी अर्थात् हर समय फलने वाली किस्म है। यह टोटेम तथा सलेक्सन-5.65-601 के क्रॉस से निकाली गई किस्म है। इसके पौधे ओजस्वी, आकार में मध्यम तथा अनेकों पुष्पक्रम पैदा करते हैं। प्रत्येक पुष्पक्रम में सामान्यतः 15-20 फूल होते हैं। फल नाप में भिन्न-भिन्न होते हैं, जिनका पकने के समय रंग चमकीला तथा गहरा लाल होता है। पत्तियां, पत्ती धब्बा रोग के प्रति ग्रहणशील, परन्तु सफेद चूर्णी रोग के प्रति परिमित रूप से प्रतिरोधी होती हैं। जड़ें, जड़ सडन रोग के प्रति हल्की रोगरोधी होती हैं।

टियोगा

यह फ्रेसना तथा टोरे का क्रॉस है। इसकी फलत प्रति मौसम कम होती जाती है। इस किस्म के पौधे परिमित रूप से ओजस्वी होते हैं, जिन पर मध्यम भार (5-6 ग्राम) व मोटे छिलके वाले फल लगते हैं। फलों में घुलनशील पदार्थ लगभग 7-8 प्रतिशत पाए जाते हैं। यह विषाणु रोगरोधी किस्म है। इसके फल हिमाचल प्रदेश के मध्यम पहाड़ी क्षेत्रों में अप्रैल के दूसरे सप्ताह में पककर तैयार हो जाते हैं। यह प्रसंस्करण के अनुरूप, परन्तु बाजार में ताजे फलों के लिए ठीक नहीं है।

टोरे

इस किस्म के पौधे टियोगा के समान होते हैं। पौधे मध्यम ओजस्वी तथा लाल रंग के फल देते हैं। फलों का आकार मध्यम (6-7 ग्राम) तथा वे दृढ़ गूदे वाले होते हैं। ताजे फल खाने के लिए यह एक अच्छी किस्म है। इसके अतिरिक्त इसके फल जैम-जैली आदि बनाने के लिए भी अच्छे होते हैं। हिमाचल प्रदेश के मध्यम पहाड़ी क्षेत्रों में यह किस्म टियोगा से थोड़ी पहले (अप्रैल के प्रथम सप्ताह में) पककर तैयार हो जाती है।

ट्रिब्यूट

इस किस्म का विकास ई.बी.-18 तथा एम.डी.यू.एस.-4258 के क्रॉस से किया गया है। यह अमेरिका में विकसित की गई पहली दिवस निष्प्रभावी (हर मौसम में फलत देने वाली) किस्म है। पौधे मध्यम बढ़वार वाले परन्तु ओजस्वी होते हैं। फल मध्यम से बड़े, आकार में एक समान, छोटे, शंक्वाकार-चपटे व उठे हुए होते हैं। फलों का रंग चमकीला लाल होता है। गूदा ठोस एवं मध्यम लाल रंग का होता है। ताजा खाने पर फलों में हल्का खट्टापन होता है। गूदे तथा छिलके का गठन ठीक मजबूत होता है। उलझी कतार (मैटड रो) विधि से रोपने पर यह किस्म बहुत अच्छी पैदावार देती है। जड़े, रैड स्टीली जड़ सड़न रोग के प्रतिरोधी तथा

उक्ठा रोग (विल्ट) के प्रति सहनशील होती हैं। पत्तियां सफेद चूर्णी तथा झुलसा आदि रोगों के प्रतिरोधी होती हैं।

ट्राईस्टार

इसके पौधे ट्रिब्यूट के (बहिन जैसे) प्रतिरूप होते हैं। यह भी दिवस निष्प्रभावी किस्म है, जिसके पौधे मध्यम ओजस्वी व मध्यम से छोटे आकार के होते हैं। फल मध्यम आकार, एक समान आकार के, छोटे, शंक्वाकार तथा चिन्हित आते हैं। फलों का छिलका व गूदा दृढ़, रंग चमकीला तथा पुंज के चारो ओर तारे की तरह प्रतीत होता है। ताजा खाने के लिए यह एक अच्छी किस्म है क्योंकि गूदे का आकर्षक रंग होता है तथा उसमें बहुत बढ़िया सुगंध होती है। यह रैड स्टीली जड़ सड़न रोगरोधी और उक्ठा रोग (विल्ट) के प्रति उच्च सहनशील है।

वान्टेज

यह टियोगा तथा वेस्टार का क्रॉस है। वान्टेज अधिक पैदावार वाली किस्म है जिसके फल ताजे खाने तथा प्रसंस्करण दोनों के लिए योग्य हैं। फल चमकीले लाल, अच्छी सुगंध सहित दृढ़ होते हैं। इसके पौधे फल सड़न रोग के प्रतिरोधी तथा उक्ठा रोग (विल्ट) के प्रति उच्च प्रतिरोधी होते हैं।

वेस्पर

यह देर से पकने वाली अमरीकन किस्म है। इसके फल बड़े, लंबाकार एवं शंक्वाकार सहित गहरे लाल रंग के होते हैं। फलों का औसत भार 9-11 ग्राम होता है। पौधे ओजस्वी तथा विषाणु रोग से प्रभावित नहीं होते हैं।

पूसा अर्ली डवार्फ

इस किस्म का जनन भारत में हुआ है। इसके पौधे बौने होते हैं। यह किस्म भारत के मैदानी भागों (उपोष्ण जलवायु) के लिए भी उत्तम

पाई गई है। फल मध्यम आकार (7 - 8 ग्राम) एवं आकर्षक लाल रंग के होते हैं। यह ताजा खाने के लिए बढ़िया किस्म है क्योंकि इसमें ठोस घुलनशील पदार्थ (7 - 8 प्रतिशत) एवं अम्लता (0.8 प्रतिशत) मध्यम दर्जे के होते हैं।

भारत में बहुत सी किस्में अमेरिका से लाई गई हैं। इसके अतिरिक्त अविभाजित सोवियत संघ, इटली, आस्ट्रेलिया तथा स्पेन से भी कई किस्में लाई गई हैं। राष्ट्रीय पादप आनुवंशिकी संसाधन ब्यूरो, क्षेत्रीय केन्द्र, फागली, शिमला (हिमाचल प्रदेश); भारतीय कृषि अनुसंधान संस्थान, क्षेत्रीय अनुसंधान केन्द्र शिमला व कटराईं (हिमाचल प्रदेश); उद्यान विभाग, हिमाचल प्रदेश सरकार; उद्यान विभाग; जम्मू कश्मीर सरकार; कृषि विभाग, उत्तर प्रदेश सरकार; विवेकानंद पर्वतीय कृषि अनुसंधानशाला, अल्मोड़ा (उतरांचल प्रदेश) आदि ने स्ट्राबेरी की विभिन्न किस्मों में प्रदर्शन करने की क्षमता पर अनेकों शोधकार्य किए। भारत के विभिन्न केन्द्रों पर किए गए शोधकार्यों से पाया गया कि स्ट्राबेरी की इनमें से टियोगा, टोरे, डॉगलास, फर्न, चांदलर, सेंगा सेंगाना, स्वीट चार्ली, पजारो, रैडकोट, ट्रिब्यूट तथा ट्रिस्टार जैसी किस्में भारत के विभिन्न क्षेत्रों में खेती करने के योग्य हैं।

8. पादप प्रवर्धन

स्ट्राबेरी का प्रवर्धन, लैंगिक (बीज) तथा अलैंगिक (वानस्पतिक) विधियों द्वारा किया जा सकता है। साधारणत: बीज द्वारा प्रवर्धन ठीक नहीं रहता है क्योंकि बीज द्वारा तैयार पौधे पैत्रिक पौधों के समान गुणों वाले नहीं होते हैं। यद्यपि, स्ट्राबेरी का प्रवर्धन सामान्य रूप से, भूस्तारी (runner) द्वारा होता है। परन्तु संसार के कई विकसित देशों में अब इसका प्रवर्धन बड़े स्तर पर सूक्ष्म प्रवर्धन (micropropagation), जिसे टिशू कल्चर या ऊतक प्रवर्धन (tissue culture) भी कहते हैं, के माध्यम से हो रहा है।

(अ) बीज द्वारा प्रवर्धन

अनेक अन्य फलों की तरह स्ट्राबेरी में बीज प्रवर्धन का तरीका सही नहीं माना जाता है। यद्यपि, संकर किस्में पहले बीज द्वारा ही बनाई जाती हैं। स्ट्राबेरी के एक अकेले फल में हजारों बीज होते हैं। इसलिए स्ट्राबेरी प्रजनक (breeder) को अन्य फल वृक्षों की अपेक्षा एक लाभ यह है कि एक बार में वह अनेकों संकर पौधे तैयार कर सकता है। स्ट्राबेरी के बीज बहुत छोटे होते हैं तथा वे ठीक तरह से नहीं उगते हैं। अत: बोने से पहले उनका स्तरीकरण (stratification) कर लेना चाहिए। स्तरीकरण हेतु बीजों को निश्चित समय पर व एक मानकीकृत तापमान पर भीगी बालू रेत की तहों में रखना होता है। ऐसा इसलिए किया जाता है क्योंकि स्ट्राबेरी के बीज अन्य शीतोष्ण फलों की भांति प्रसुप्तिवस्था (dormancy) में रहते हैं और जब तक कि उनका स्तरीकरण न किया जाए तो इनमें अंकुरण नहीं होता। स्तरीकरण हेतु प्रभावकारी द्रुतशीतन तापमान (chilling temperature) की आवश्यकता होती है। स्ट्राबेरी में यह तापमान -3.0 से 6.5 डिग्री सेंटीग्रेड सही पाया गया है, परन्तु अधिकतर किस्मों में द्रुतशीतन तापमान 9.5 से 10.0 डिग्री सेंटीग्रेड ज्यादा ठीक रहता है।

स्तरीकरण के लिए समयावधि साधारणतः 2 - 4 सप्ताह होती है। सल्फ्यूरिक अम्ल या जिब्रैलिक अम्ल (जी.ए.- 3) तथा थायोयूरिया आदि रसायनों द्वारा बीजों का उपचार भी प्रसुप्तिवस्था को दूर करने तथा अच्छे बीज अंकुरण के लिए ठीक पाया गया है। क्योंकि स्ट्राबेरी के बीज बहुत छोटे होते हैं, अतः बोने से पहले उन्हें रेत में मिला लें। बीजों को सदेव ऊंची उठी हुई क्यारियों में 3 - 5 से.मी. गहरा बोना चाहिए। बोने के 20 - 25 दिनों बाद उनमें अंकुरण हो जाता है।

(ब) वानस्पतिक प्रवर्धन

गर्मी के मौसम में पैत्रिक पौधे से भूमि पर फैलने वाला भूस्तारी तना जिसकी पोरियों की गांठों में से जड़े और प्ररोह निकलते हैं, दूसरी गांठ से एक भूस्तारी (रनर) पौधा बनाता है, जिससे नया भूस्तारी (पौधा) बन जाता है (रेखाचित्र - 2)। प्रारंभ में भूस्तारी में बहुत कम जड़ें बनती हैं लेकिन बाद में उनमें अच्छी रेशेदार जड़े बनती हैं। इसलिए स्ट्राबेरी में प्रवर्धन प्राकृतिक रूप से स्वयं वानस्पतिक वृद्धि से होता रहता

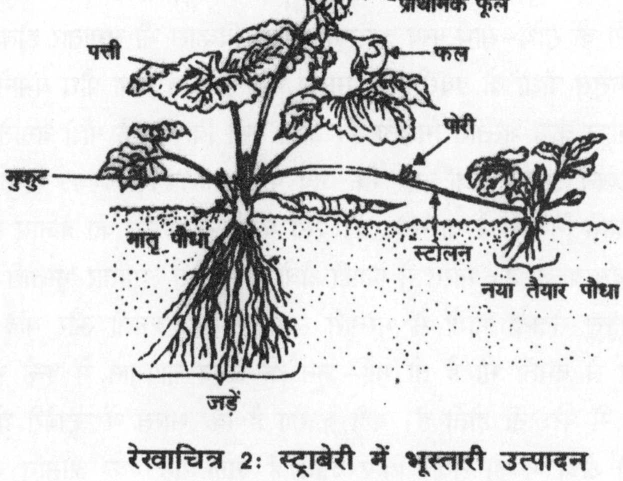

रेखाचित्र 2: स्ट्राबेरी में भूस्तारी उत्पादन

है। भूस्तारी तनों में, बाद में पर्याप्त वृद्धि तथा जड़ें बनती हैं जिन्हें पैत्रिक पौधे से अलग करके कहीं भी रोपा जा सकता है। यद्यपि, भूस्तारी तने प्रवर्धित पौधों में मातृ पौधे के सभी गुण मिलते हैं, परन्तु यह पाया गया है कि विषाणु बिमारियां अक्सर भूस्तारी तनों द्वारा आसानी से स्थानान्त्रित होती हैं। इसलिए भूस्तारी के उत्पादन के लिए उन्हें अलग से क्यारियों में उगाना चाहिए। भूस्तारी के अच्छे उत्पादन के लिए स्थान व भूमि ऐसी चुननी चाहिए जिसमें कि पिछले 3-4 साल से स्ट्राबेरी की फसल नहीं उगाई गई हो। स्ट्राबेरी का व्यावसायिक स्तर पर वानस्पतिक प्रवर्धन शुरू करने से पहले मृदा का विषाणुओं एवं भूमिजनित रोग कारकों के लिए परीक्षण अति आवश्यक है। इच्छित किस्म के प्रवर्धन हेतु विषाणु रहित या परीक्षण किए वानस्पतिक भाग ही प्रयोग में लाने चाहिए।

नए पौधे बनाने के लिए क्यारी में 120 से.मी. x 120 से.मी. या 180 से.मी. x 180 से.मी. की दूरी पर ही पौध रोपण करनी चाहिए। भूस्तारी तैयार होने से लेकर खेत से निकालने के समय तक सभी शस्य क्रियाएं जैसे सिंचाई, खाद, उर्वरक का प्रयोग, मल्चिंग (पलवार) आदि का पूरी तरह पालन करना चाहिए। सामान्य रूप से एक पैत्रिक पौधे से 30-40 भूस्तारियां बनती हैं। जून-फलत किस्मों में भूस्तारी बनने की समस्या नहीं होती है किन्तु सदाबहार किस्मों में भूस्तारी बहुत कम बनते हैं क्योंकि भूस्तारी के साथ-साथ पुष्प कलिकाओं का विकास भी लगातार होता रहता है, जिससे पौधों के प्रवर्धन में समस्या पैदा होती है तथा पौध बनाने वालों को बहुत कम भूस्तारी मिलती हैं। अतः ऐसी किस्मों के पौधे बनाते समय यह ध्यान अवश्य रखा जाए कि जब फूल कलिकाएं दिखाई दें तो उन्हें हाथ द्वारा निकाल दें या मरोड़ दें। ऐसा करने से फलत की बजाय भूस्तारी उत्पादन बढ़ता है। भारत में पहाड़ी क्षेत्रों में स्ट्रोबेरी लगातार भूस्तारी बनाती है किन्तु मैदानी भागों में भूस्तारी लगातार नहीं बनती और यदि किसी प्रकार से बनती भी हैं तो मई-जून के उच्च तापमान में इन्हें सुरक्षित रखने में परेशानी होती है। यही कारण है कि भारत में स्ट्राबेरी के पौधे पहाड़ी क्षेत्रों में ही तैयार किए जाते हैं जहां यह एक आसान व कम

खर्चीला व्यवसाय है। यही कारण है कि मैदानी भागों के किसानों को पौधों हेतु पहाड़ी क्षेत्रों के किसानों पर निर्भर रहना पड़ता है।

भूस्तारी पैदा करना किस्म विशेष का गुण होता है किन्तु इसे विभिन्न पादप वृद्धि नियंत्रकों के उपचार से भी बढ़ाया जा सकता है। उदाहरणत: सदाबहार स्ट्राबेरी में, एक वर्ष पुराने तथा नए पौधरोपण में जी. ए. 3 (50-100 पीपीएम) के एक छिड़काव द्वारा फूल बनने को अवरूद्ध करना, भूस्तारी विकास को बढ़ाना तथा आने वाले वर्षों में बाजार के लिए भूस्तारी की पैदावार को आसानी से बढ़ाया जा सकता है। इसके विपरीत, मृदा में पैक्लोब्युट्राजोल के प्रयोग से भूस्तारियों की पैदावार रूकती है व फूलों की संख्या बढ़ती है।

भूस्तारियों को मुख्यत: सितम्बर-अक्टूबर के समय क्यारियों से निकाल लेना चाहिए। परन्तु कभी-कभी, बसंत में रोपण की मांग होने पर मार्च माह तक लगातार पूर्ति के लिए भी भूस्तारी को लगातार निकालते रहते हैं। यद्यपि, बसंत में रोपण के लिए, सुसुप्त भूस्तारियों का शीत भंडारण करना लाभदायक होता है। इस उद्देश्य के लिए, सामान्य रूप से भूस्तारी नवम्बर के अंत से दिसम्बर तक निकाल कर उनके रोपण तक शीत भंडारण करते हैं तथा उन्हें अगले वर्ष जून-जुलाई में रोपित करते हैं।

भूस्तारियों का भंडारण

भूस्तारियों का भंडारण तब करना चाहिए जब वे पूर्णत: विकसित हों तथा वे प्रसुप्तिवस्था में हों। इनकी जड़ों में से अच्छी तरह से मिट्टी निकाल लें तथा प्रत्येक पॉलीथीन की थैली में 200-250 भूस्तारी बांधकर रखें। भूस्तारियों से भरी पॉलीथीन की थैलियों को शीत भंडार के उन कमरों में विशेष खानों में रखें जिसका तापमान शून्य डिग्री सेंटीग्रेड के आसपास हो। प्रयोगों से यह पाया गया है कि शून्य से 1.0 डिग्री सेंटीग्रेड तापमान पर भूस्तारियों को तीन माह तक अच्छी दशा में रखा जा सकता है। भूस्तारियों

का भंडारण जीवनकाल बढ़ाने के लिए भंडारण से पहले इन्हें थीरम के 0.2 प्रतिशत घोल में डुबोकर कुछ समय के लिए उपचारित करें तथा पुरानी पत्तियों को हटा दें। शीत भंडारित पौधे सामान्य रूप से स्वस्थ होते हैं, किन्तु पत्तियों व मुकुट में कभी-कभी सड़न हो सकती है। ऐसा ठीक प्रकार से ठंडक की कमी तथा कवक/फंफूदी आदि के संक्रमण के कारण होता है। अतः भंडारण से पूर्व ऊपर बताई गई बातों पर पूरा ध्यान देना चाहिए।

गर्मी से होने वाली क्षति से बचाने के लिए भूस्तारियों को शीत भंडारण से अप्रैल-मई में निकालकर रोपण करना चाहिए।

सूक्ष्म प्रवर्धन

सूक्ष्म प्रवर्धन (micropropagation) वह प्रक्रिया है, जिसमें पौधे के छोटे से छोटे भाग से नियंत्रित पोषक तत्वों वाले माध्यम तथा निर्जर्मित वातावरण की दशाओं में पौधे तैयार करते हैं। क्योंकि इस प्रवर्धन में पौधे के सूक्ष्म भाग का प्रयोग करते हैं, अतः इसे **सूक्ष्म प्रवर्धन** कहते हैं। साहित्य में (पुस्तकों व शोधपत्रों आदि) में अक्षर सूक्षम प्रवर्धन के स्थान पर टिश्यू कल्चर (tissue culture) द्वारा प्रवर्धन लिखा हुआ मिलता है। अतः सूक्ष्म प्रवर्धन व टिश्यू कल्चर प्रवर्धन का मतलब एक ही है। संयोग से फलों में स्ट्रोबेरी पहली फसल है जिसमें सूक्ष्म प्रवर्धन तकनीक का मानकीकरण हुआ है। आजकल इसका प्रवर्धन बड़े स्तर पर ऊतक (सूक्ष्म) संवर्धन द्वारा व्यापारिक स्तर पर किया जा रहा है। स्ट्राबेरी एक ऐसा फल है जिसमें बहुत अधिक संख्या में प्रति हैक्टर पौधों की (50,000-60,000) आवश्यकता होती है। यह मांग सूक्ष्म प्रवर्धन द्वारा आसानी से पूरी की जा सकती है। पौधे के विभिन्न भागों जैसे मेरिस्टेम टिप (तने का अग्रभाग), परागकोष एवं अपरिपक्व भ्रूण तथा भूस्तारी की पहली कलिका की कांख का प्रयोग करके वर्ष में लाखों पौधे बना सकते हैं। सूक्ष्म प्रवर्धन हेतु वैसे तो कई संवर्धन माध्यमों की सिफारिश की गई है परन्तु मुख्यतः मुरासिघे तथा स्कूग माध्यम (एम.एस.

माध्यम) व लेनिमेडर-स्कूग (एल.एस.) आदि माध्यम की व्यावसायिक प्रवर्धन हेतु अधिक अच्छे पाए गए हैं। इन माध्यमों में एगर, सुक्रोज तथा हार्मोन्स आदि का आवश्यक स्तरों पर प्रयोग किया जाना चाहिए जिनकी सिफारिश समय-समय पर वैज्ञानिकों द्वारा की गई है। संवर्धन माध्यम में वृद्धि नियामकों को मिलाने से संवर्धित पौधों में वृद्धि तथा उनकी पैदावार पर बहुत ही अच्छा प्रभाव पड़ता है। सामान्यतः ऊतक (सूक्ष्म) प्रवर्धित पौधों को खेत में उगाने पर उनमें बहुत अच्छी वृद्धि व तीव्र हरी पत्तियां पैदा होती हैं। सामान्यतः ये पौधे रोगमुक्त, उच्च पैदावार के साथ-2 अच्छी गुणवत्ता वाले फल पैदा करते हैं।

सूक्ष्म प्रवर्धन के लाभ

सूक्ष्म प्रवर्धन के बीज व वानस्पतिक प्रवर्धन की अपेक्षा कई लाभ हैं, जैसे-

(1) सूक्ष्म प्रवर्धन में पौधे का बहुत ही सूक्ष्म भाग प्रयोग होता है।

(2) सूक्ष्म प्रवर्धन द्वारा सीमित समय व स्थान में अधिक मात्रा में पौधों का गुणन संभव है।

(3) सूक्ष्म प्रवर्धन द्वारा पूरे साल पौधे तैयार कर सकते हैं।

(4) सूक्ष्म प्रवर्धन से पौधे स्वस्थ तथा सामान्य रूप से रोगमुक्त होते हैं।

(5) सूक्ष्म प्रवर्धन से तैयार पौधे अक्सर खेंत में अच्छा प्रदर्शन करते हैं।

(6) ऊतक संवर्धित पौधों में उच्चतम भूस्तारित क्षमता होती है।

दाबा द्वारा प्रवर्धन

कई अन्य फलों की भांति स्ट्राबेरी में दाबा द्वारा भी नये पौधे तैयार क़िए जा सकते है। दाबा द्वारा पौधे बनाने के लिए भूस्तारी के तने में जड़ मूलन हेतु मिट्टी या गमलों में दबा दिया जाता है (रेखाचित्र-3)। इन संतति भूस्तारियों में एक माह में जड़े आ जाती हैं, जिन्हें निकालकर सीधे मिट्टी या गमले में लगा दिया जाता है। परन्तु, ध्यान रहे कि पौध लगाने

हेतु सही रोपण विधि का प्रयोग किया जाना चाहिए, जैसा कि रेखाचित्र-4 में दर्शाया गया है।

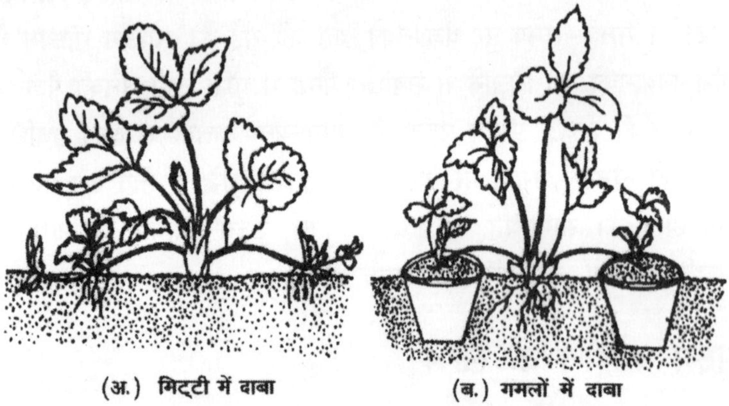

रेखाचित्र 3: स्ट्राबेरी में दाबा द्वारा प्रवर्धन

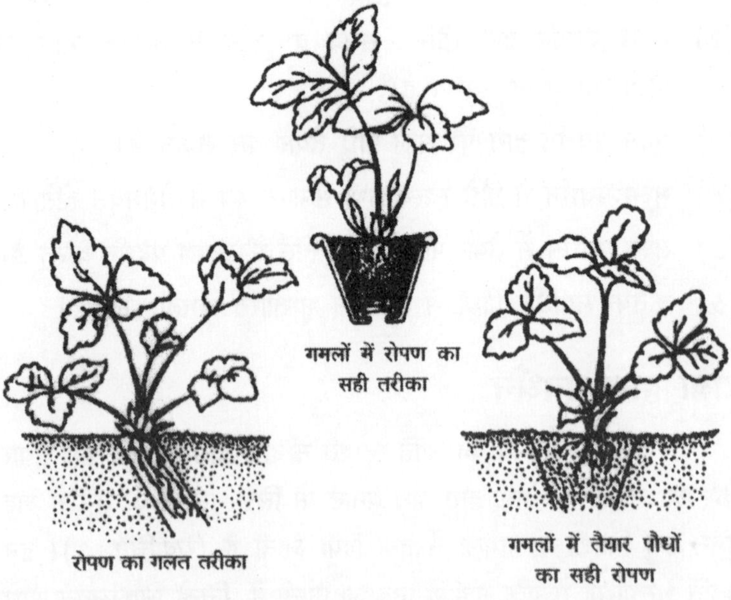

रेखाचित्र 4: दाबा द्वारा तैयार स्ट्राबेरी के पौधों का रोपण

९. पौध रोपण

स्ट्राबेरी एक शाकीय पौधा है जिसकी जड़ें भी उथली होती हैं अतः अन्य फलों की अपेक्षा इसकी खेती करना कई माइनों में भिन्न है। इसके बाग अन्य फलवृक्षों की अपेक्षा बहुवर्षी नहीं होते, अतः व्यावसायिक बागवानी यदि किन्हीं कारणों से असफल हो जाए तो भी दोवारा उसी या नए स्थान पर इसकी खेती के बारे में सोचा जा सकता है। फिर भी सही स्थान व मृदा का चुनाव अति आवश्यक होता है।

स्थान व मृदा के चुनाव के बाद पौध रोपण के बारे में सोचा जाना चाहिए। इसके लिए सबसे पहले भूमि की अच्छी तैयारी की जानी चाहिए।

भूमि की तैयारी

पौध रोपण से पहले खेत की कई बार जुताई करके खरपतपवार आदि को निकाल देना चाहिए। स्ट्राबेरी की व्यावसायिक बागवानी के लिए भूमि में बहुवर्षीय खरपतवार (perennial weeds) नहीं होने चाहिए क्योंकि इन्हें बाद में निकालना मुश्किल होता है। यदि खेत में बहुतवर्षीय खरपतवार हैं तो खेत की अच्छी तरह से जुताई करें तथा रोपण से पहले उचित (अनुरूप) खरपतवारनाशी (weedicide) का प्रयोग करें। अतः स्ट्राबेरी रोपण से पहले, खेत की एक-दो वर्ष पहले ही अच्छी तरह जुताई करें जिससे खेत सफेद लट व बहुवर्षीय खरपतवारों से मुक्त हो जाएं। स्ट्राबेरी की अधिकतर जड़े ऊपरी मृदा में 30-40 से.मी. तक ही सीमित रहती हैं। इसलिए मृदा को अच्छी तरह से भुरभुरी बना लें। गहरी जुताई से पौधों द्वारा उपमृदा से ज्यादा पानी अवशोषण करने की क्षमता बढ़ती है। पौध रोपण से पहले मृदा में धूमन करना आवश्यक है, चूंकि इससे मृदा, मृदाजनित रोगाणुओं से मुक्त हो जाती है। इसके अतिरिक्त यह जड़ों के विकास के लिए भी जरूरी है। रासायनिक धूमकों जैसे- मिथाइल ब्रोमाईड (67 प्रतिशत) या क्लोरोपिकरिन (33 प्रतिशत) का प्रयोग पौध रोपण से

पहले करें। अब कुछ वैज्ञानिक मानते हैं कि मृदा को मृदाजनित रोगाणुओं से मुक्त करने हेतु मृदा सूर्यातापन, धूमन से कहीं ज्यादा प्रभावशील है।

गली-सड़ी गोबर की खाद या कम्पोस्ट खाद की आवश्यक मात्रा (80-100 टन/हैक्टेयर) पौध रोपण से 30-35 दिन पूर्व अच्छी तरह से खेत में मिला देनी चाहिए। फॉस्फोरस व पोटाश की पूरी मात्रा (20-40 किग्रा./हैक्टेयर) तथा नाइट्रोजन (20 किग्रा./हैक्टेयर) की आधी मात्रा रोपण से पूर्व अंतिम जुताई से पहले खेत में अच्छी तरह मिला दें। यदि स्ट्राबेरी उसी खेत में 3-4 वर्षों से लगातार उगाई जा रही हो तो उस खेत में नए रोपण से पहले ह्यूमस की पर्याप्त मात्रा भी बढ़नी चाहिए। इसके लिए 80-100 टन गोबर की गली-सड़ी खाद प्रति हैक्टयर स्ट्राबेरी लगाने से पहले मिलाएं। यदि खाद उपलब्ध नहीं है तो दो बार हरी खाद खेत में जोतकर मिला दें। भारतीय दशाओं में, ढेंचा को हरी खाद के रूप में उगाया जा सकता है। इसके अतिरिक्त स्ट्राबेरी की बागवानी के लिए मृदा में चूना मिलाना भी लाभदायक रहता है। यह पौधों को कैल्शियम तथा मैग्नीशियम खनिज ही नहीं प्रदान करता बल्कि विषैले एल्यूमिनियम के दुष्प्रभाव को भी कम करता है। यद्यपि, इसका उपयोग नम मौसम वाले क्षेत्रों में ही अति लाभदायक पाया गया है। यदि मृदा का पी.एच. मान 5. 0 से कम हो तो एक हैक्टेयर खेत के पी.एच. मान को 5.5 से 6.5 तक बढ़ाने के लिए 25-30 क्विंटल डोलोमाइट मिलाना चाहिए। ध्यान रहे कि इसका उपयोग शुष्क जलवायु में कदापि न करें क्योंकि ऐसा करने से लाभ की बजाए हानि ही होती है। यह भी ध्यान देने योग्य बात है कि पौध रोपण से एक वर्ष पहले चूने का उपयोग करना ज्यादा अच्छा रहता है। अच्छी जुताई, मृदा धूमन तथा खाद एवं उर्वरकों के मिलाने के बाद खेत को समतल कर उसमें उठी हुई क्यारियां बना लेनी चाहिए। क्यारियां इस प्रकार की होनी चाहिए कि दो क्यारियों के बीच पानी कूंडों में ठीक प्रकार से बहे व कहीं भी इकट्ठा न रहे नहीं तो पौधों में जड़ सड़न व गलन रोग लगने का अधिक भय रहता है।

रोपण

स्ट्राबेरी के पौधों को लगाने हेतु क्यारियों की लंबाई तो मनचाही रखी जा सकती है परन्तु चौड़ाई व ऊंचाई नियंत्रित होनी चाहिए। साधारणतः 10 फुट लंबी, 3 फुट चौड़ी व 1/2 फुट ऊंची क्यारियां बनाने की सिफारिश की गई है। पौध रोपण कूंडों पर या उठी हुई क्यारियों में विशिष्ठ प्रणाली में ही करें। भारत में सामान्यतः उठी हुई क्यारियों में ही रोपण किया जाता है (रेखाचित्र-5)। रोपण हाथ द्वारा किया जा सकता है परन्तु रोपण के समय भूस्तारी की जड़ों को सूखने व क्षति से बचाना चाहिए। भूमि से भूस्तारी निकालने के बाद इन्हें सीधे खेत में रोपें या रोपण से पूर्व छाया में रखें। यह ज्यादा अच्छा रहेगा यदि भूस्तारियों को नम 'मॉस' घास में रखें। ऐसा करने से भूस्तारी की जड़ों को सूखने से आसानी से बचाया जा सकता है तथा भूस्तारी लंबे समय तक ताजा बनी रहती हैं। भूस्तारियों में अधिक मुरझान होने से पौधों की बढ़वार, पैदावार व फलों की गुणवत्ता पर विपरीत प्रभाव हो सकता है। रोपण हमेशा शाम या देर शाम के समय करना चाहिए। तेज धूप वाले दिन, नम मौसम तथा पाले की दशाओं में रोपण से बचना चाहिए। रोपण से पहले खेत की 1-2 दिन पहले हल्की

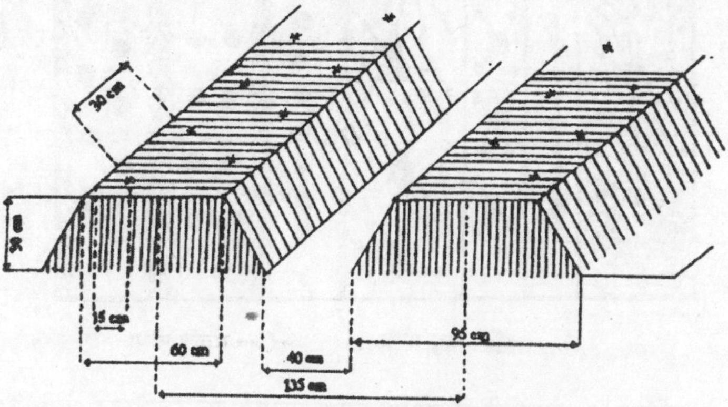

रेखाचित्र 5: स्ट्राबेरी रोपण हेतु उठी हुई क्यारियों की बनावट

सिंचाई करें। रोपण हेतु खुरपी से क्यारियों के किनारों पर ऐसा छिद्र करें जिसमें पौधे की जड़े आसानी से आ सकें। बाद में छिद्र में पौधों की जड़ों को ढ़ककर हल्का सा दबा दें। रोपण के तुरंत बाद एक हल्की सिंचाई करनी चाहिए। रोपण के तुरंत बाद यदि फव्वारे से ही पानी दिया जाए तो यह बहुत ही अच्छा रहता है।

स्ट्राबेरी के रोपण में तीन रोपण प्रणालियां अपनानी चाहिए। ये हैं हिल, बड़ी पंक्ति तथा जालीदार पंक्ति प्रणाली। कुछ क्षेत्रों में एकल पट्टी, दोपट्टी पंक्ति, एकल पंक्ति या दो पंक्ति हिल प्रणालियां भी अपनाई जा रही हैं (रेखाचित्र-6)। कुछ लोग अपनी गृह वाटिका में बैरल या पीपा या पिरामिड आदि का भी प्रयोग करते हैं। स्ट्राबेरी में मुख्य रूप से प्रयोग होने वाली रोपण विधियों का संक्षिप्त विवरण निम्नलिखित है।

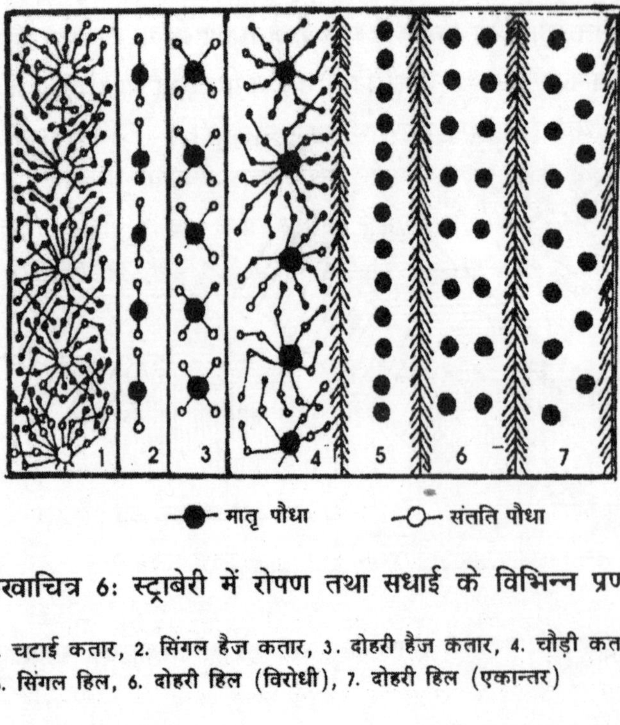

रेखाचित्र 6: स्ट्राबेरी में रोपण तथा सधाई के विभिन्न प्रणालियां

{1. चटाई कतार, 2. सिंगल हैज कतार, 3. दोहरी हैज कतार, 4. चौड़ी कतार, 5. सिंगल हिल, 6. दोहरी हिल (विरोधी), 7. दोहरी हिल (एकान्तर)}

(अ) हिल प्रणाली

जिन किस्मों में कुछ ही भूस्तारी विकसित होती हैं उन किस्मों के रोपण हेतु प्रायः यह प्रणाली अपनाई जाती है। इस प्रणाली में पौधों को या तो एकल या दो पंक्तियों में उठी हुई क्यारियों में रोपित करते हैं। क्यारियां सामान्यतः 15-20 से.मी. ऊंची बनाते हैं तथा भूस्तारी 20-25 से.मी. की आपस की दूरी पर दो पंक्तियों में 30-35 से.मी. की दूरी पर लगाते हैं। दो पक्तियों के बीच की दूरी 75-100 से.मी. के बीच रखते हैं। इस प्रणाली में रोपण से खेत में छोटे बगीचे वाला ट्रैक्टर या खेत वाला ट्रैक्टर भू-परिष्करण (tillage) के लिए प्रयोग कर सकते हैं, जिससे हाथ से होने वाली अधिक मजदूरी की लागत घट सकती है। छोटे बगीचों में जहां हाथ से मजदूरी होती है वहां कतारों (पंक्तियों) की आपस की दूरी कम या लगभग 45 से.मी. कर सकते हैं। कभी-कभी दो कतारों में आपस की दूरी लगभग 45 से.मी., फिर ज्यादा जगह छोड़कर फिर दो कतारों को इसी दूरी पर रखते हैं। कुछ मामलों में, तीन कतार रखते हैं। यद्यपि ये सभी केवल हिल प्रणाली के रूपांतरण हैं जिसमें पौधे आपस में समान दूरी पर प्रत्येक कतार में समान दूरी रखते हैं। इस प्रणाली में अधिक संख्या में पौधे लगाए जा सकते हैं। अतः जब पौधों में नए भूस्तारी बनते हैं तो उन्हें निकालना कठिन होता है।

(ब) चौड़ी कतार प्रणाली

यह रोपण प्रणाली उन किस्मों में अपनाई जाती है, जिनमें संतति पौधे (daughter plant) कमजोर होते हैं और वे अधिकाधिक भूस्तारी बनाते हैं। इस प्रणाली में भूस्तारियां सामान्य रूप से कतार में आपस में 30-35 से.मी. की दूरी सहित दो कतारों के बीच 90-100 से.मी. की दूरी रखते हैं। कतारों में आपसी दूरी अच्छी उपजाऊ शक्ति वाली मृदा में 75 से.मी. रखते हैं। इस प्रणाली में रोपण से फल तुड़ाई में आसानी होती है। कतारों के बीच अधिक दूरी होने के कारण सस्य क्रियाओं में आसानी व आने-जाने में भी सुविधा रहती है।

(स) चटाई कतार प्रणाली

यह प्रणाली उन क्षेत्रों में अपनाई जाती है जहां पर जाड़ों के तापमान में उतार-चढ़ाव तथा शीतन के कारण पौधे के मुकुट की क्षति हो जाती है। इस प्रणाली में कतार में लगे पौधे से पौधे के बीच की दूरी 40-50 से.मी. तथा कतारों के बीच आपस की दूरी 90 से.मी. रखी जाती है। चटाई की चौड़ाई 40-45 से.मी. के बीच रखी जानी चाहिए। इस प्रणाली में प्रति इकाई क्षेत्रफल में अधिक संख्या में पौधे लगाए जा सकते हैं जो कि ठीक दशाओं में अधिक पैदावार दे सकते हैं। यद्यपि, अधिक पौधों (सघन) से फल सड़न रोग का भी अधिक भय रहता है जिससे फल उत्पादन कम हो सकता है। यह प्रणाली प्रसंस्करण के लिए, मध्यम आकार के फलों की अधिक फसल प्राप्ति के लिए अति उत्तम पाई गई है।

(द) बैरल प्रणाली

उन क्षेत्रों में, जहां पर भूमि सीमित हो, यह प्रणाली प्रयोग करनी चाहिए। इस उद्देश्य के लिए 25 या 50 गैलन लकड़ी का पीपा (डिब्बा) प्रयोग कर सकते हैं (रेखाचित्र-7)। कुछ शहरी लोग बैरल (पीपा) का

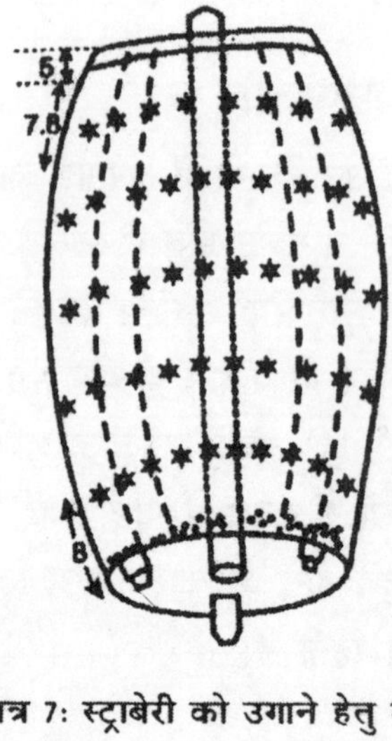

रेखाचित्र 7: स्ट्राबेरी को उगाने हेतु वैरल (पीपा)

प्रयोग गृह वाटिका में स्ट्राबेरी उगाने हेतु करते हैं जो काफी प्रभावकारी भी पाया गया है। इस पीपे के किनारे में छिद्र बनाते हैं। पीपे को धीरे-धीरे अच्छी उपजाऊ मृदा से भरकर उसके छिद्रों में पौध लगाकर ऊपर से मिट्टी से ढ़क देते हैं। पीपे का ऊपरी भाग वर्षा के पानी या आवश्यक सिंचाई के लिए खुला रखते हैं। यदि बैरल में लगाए पौधे भूस्तारी बनाएं तो उन्हें तुरंत निकाल दें, क्योंकि ऐसा न करने से मातृ पौधों से फल कम संख्या में मिलते हैं।

(य) पिरामिड प्रणाली

इस प्रणाली का प्रयोग अधिकतर गृह वाटिका में स्ट्राबेरी लगाने के लिए किया जाता है। इसमें वर्गाकार या गोल लकड़ी के फ्रेम बनाए जाते हैं जिन्हें कील या कांटी द्वारा जोड़ा जाता है। फ्रेम 6 से 25 से.मी. तख्ते के साथ एक के बाद एक करके जोड़ दिया जाते हैं। पहला फ्रेम 180 से.मी. वर्गाकार, अगला लगभग 150 से.मी. वर्गाकार, उससे अगले क्रमश: 120, 90, 60 तथा 30 से.मी. आकर के लगातार कई फ्रेम हो सकते हैं। बड़ा फ्रेम जमीन पर पहले रखें तथा उपजाऊ मृदा से भरें। उसके ऊपर 150 से.मी. का फ्रेम जमीन पर पहले रखें तथा आगे के फ्रेम भी रखते जाएं जब तक कि पिरामिड़ न बन जाए (रेखाचित्र-8)। उसके बाद उनमें पौधे लगा दें। पौधे जब भली-भांति लग जाएं तो उनमें भूस्तारी न बनने दें और जब-2 भूस्तारी दिखाई दें तो उन्हें समय-समय पर निकालते रहें।

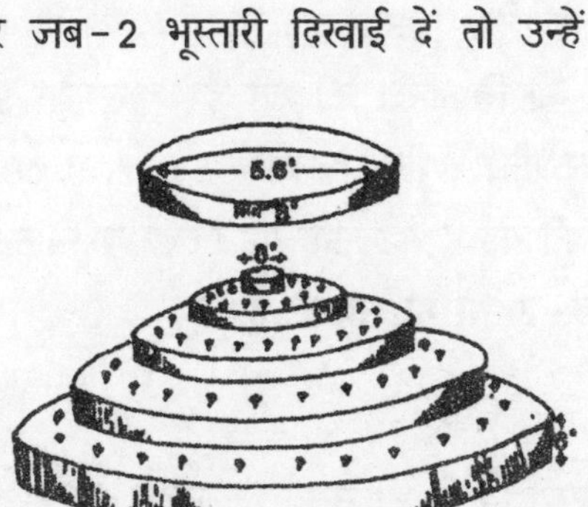

रेखाचित्र 8: स्ट्राबेरी को घर के पिछवाड़े में उगाने हेतु पिरामिड

रोपण सघनता

रोपण की दूरी तथा रोपण सघनता अनेकों कारकों जैसे- मृदा की भौतिक दशा, उगाने की दशा, किस्म विशेष तथा रोपण प्रणाली पर निर्भर करती हैं। अनेक प्रयोगों में यह पाया गया है कि स्ट्राबेरी की पैदावार का रोपण सघनता से धनात्मक संबंध है। यद्यपि सघनता के बढ़ने से प्रति पौधा फूलों की संख्या, फलों की पैदावार तथा उनकी गुणवत्ता पर विपरीत प्रभाव पड़ता है। अधिक रोपण सघनता के कारण पानी, प्रकाश तथा पोषक तत्वों के लिए अधिक संघर्ष होता है जिनकी पुष्प बनने के लिए अति आवश्यक भूमिका होती है। परन्तु यह एक सर्वविदित तथ्य है कि एकल शिखर पैदा करने वाली किस्मों का सघन रोपण कर सकते हैं। परन्तु रोपण दूरी अधिकाधिक घटाने पर पत्ती आकार, शिखर, फूलों व फलों की संख्या भी प्रभावित होती है। पौधों को कम सघनता (25 पौधे प्रति वर्ग मीटर) पर उगाने पर सामान्य रूप से अधिक फूलों की संख्या/पुष्पक्रम तथा अगेता पुष्पन होता है।

बैल्जियम, फ्रांस व इटली में सामान्यतः पौधों की सघनता 35,000 से 45,000 पौधे प्रति हैक्टेयर ही रखी जाती है। आस्ट्रेलिया में 35,000 से 40,000 पौधे प्रति हैक्टेयर, एकल क्यारी तथा 1,72,000 पौधे प्रति हैक्टेयर तीन कतार क्यारी प्रणाली में पौध रोपण सघनता है। यू. के. में 50,000 पौधे प्रति हेक्टेयर पौध संख्या लाभदायक पाई गई है। केलिफोर्निया तथा फ्लोरिड़ा (अमेरिका) में अधिकत्तर किस्मों हेतु 50,000 पौधे प्रति हैक्टेयर की सिफारिश की गई है। भारत के 30 से.मी. X 60 से.मी. रोपण दूरी पर पौध रोपण सघनता 55,000 से 60,000 पौधे प्रति हैक्टेयर अच्छी आंकी गई है, हालांकि यह किस्म व स्थान विशेष को ध्यान में रखते हुए भिन्न-2 भी हो सकती है।

रोपण समय

यद्यपि, रोपण किसी भी समय जुलाई से अप्रैल के बीच में किया जा सकता है किन्तु अगेते रोपण से अच्छी फसल होती है। नम शीतोष्ण

जलवायु में रोपण सामान्य रूप से बसंत ऋतु में किया जाता है। यदि मौसम ठीक नहीं है तो भूस्तारियों को पॉलिथीन बैग में शून्य डिग्री सेंटीग्रेड पर मौसम ठीक होने तक भंडारित करें। यद्यपि, जुलाई तथा कभी-कभी अगस्त में भी रोपण किया जाता है परन्तु ऐसी दशा में पौधों की अधिक देखभाल की जरूरत होती है। साधारणतः ऐसी अवस्था में रोपण के समय अच्छी खिली धूप के साथ मृदा की दशा भी शुष्क होनी चाहिए। इस समय सही अंतराल पर सिंचाई करें अन्यथा पत्तियों का सूखना व गिरना शुरू हो सकता है। अक्टूबर तथा नवम्बर के रोपण में पौधों को अधिक देखभाल की जरूरत नहीं होती है। स्ट्राबेरी में रोपण, स्थान विशेष, जलवायु व किस्मों की प्रकृति के अनुसार रोपण का मौसम बहुत लंबा है। उदाहरण के तौर पर चांदलर किस्म को भारत में शिमला के पहाड़ी भू-भागों में मार्च में जबकि इसे उप-उपोष्ण क्षेत्रों में अक्टूबर के अंतिम सप्ताह से नवम्बर के प्रथम सप्ताह में लगाने का आदर्श समय माना गया है। प्रयोगों में पाया गया है कि यदि कुछ किस्मों को बहुत अगेती रोपते हैं तो उनमें ओजस्विता की कमी होती है तथा फलों की घटिया गुणवत्ता सहित कम पैदावार भी होती है। यदि रोपण देर से करते हैं तो भी पैदावार कम होती है, परन्तु फलों का आकार व उनकी गुणवत्ता अच्छी होती है। ठीक इसी प्रकार यदि बहुत देर से रोपण किया जाए तो मातृ पौधे मार्च में भूस्तारी बनानी शुरू कर देते हैं जिस कारण फूलों व फलों की संख्या में काफी कमी आ जाती है।

10. जल प्रबंधन

सदाबहार, अर्द्धझाड़ीनुमा वृद्धि आदत, तेज वृद्धि दर, उच्च फल उत्पादकता तथा उथली जड़ प्रणाली के कारण स्ट्राबेरी का विकास, मृदा में विद्यमान नमी द्वारा बहुत ही प्रभावित होता है। यही कारण है कि यह फल अन्य फलों की अपेक्षा सिंचाई व उसके तरीकों के प्रति अत्यधिक संवेदनशील है और अधिकाधिक प्रभावित भी होता है। इसके अलावा, सही सिंचाई मृदा से पोषक तत्वों के उपयोग, पाले द्वारा क्षति से बचाव, भूस्तारियों की वृद्धि तथा उनका उत्पादन बढ़ाने में भी उपयोगी होती है और यदि सिंचाई की प्रक्रिया (व्यवस्था) सुधरी हो तो यह फल, अन्य फलों कि अपेक्षा अधिकाधिक लाभ भी देता है।

इसकी वानस्पतिक वृद्धि भी नमी की कमी के प्रति संवेदनशील है। सामान्य रूप से, जब मृदा में नमी 70-80 प्रतिशत क्षेत्र क्षमता पर होती है तो यह अधिक पैदावार देती है। यद्यपि, पानी उपयोग तथा मृदा नमी बढ़ाने से शुष्क पदार्थ की मात्रा बढ़ती है परन्तु फल पैदावार तथा गुणवत्ता नहीं बढ़ती है। सिंचाई बढ़ाने से भूस्तारी की पैदावार भी बढ़ती है। परन्तु मृदा नमी अत्यधिक बढ़ाने से भूस्तारी कम बनते हैं। शायद ऐसा सिंचाई से मृदा में अधिक नमी तथा पौध व मृदा के तापमान में कमी के कारण होता है। सामान्यत: फल एवं फूलों की संख्या मृदा में पर्याप्त नमी की आश्चर्यजनक मात्रा पर निर्भर करती है, परन्तु अधिक सिंचाई से वानस्पतिक वृद्धि में बढ़ोत्तरी होती है जिसके परिणामस्वरूप पुष्प कलिकाओं में काफी कमी आ जाती है। मृदा में नमी की कमी के बाद फूलों का कम संख्या में निकलना एक सामान्य बात है। इसके अतिरिक्त, फलों का बनना, फल भार, पत्तियों की संख्या तथा पत्तियों के आकार आदि में भी आश्चर्यजनक कमी आ जाती है। मृदा में नमी की मात्रा से शर्करा, फल के रंग, विकास तथा अम्लता पर भी विपरीत प्रभाव पड़ता है। इसलिए पौधों की वृद्धि के समय तथा फलत के समय स्ट्राबेरी में उचित अंतराल पर पानी की आपूर्ति करें परन्तु अधिकाधिक आपूर्ति से भी बचें। जहां पर

पानी भरने या खड़ा रहने की संभावना हो, वहां पर स्ट्राबेरी को उठी हुई क्यारियों या मेड़ों पर लगाएं।

कब करें सिंचाई

जैसा कि पहले कहा गया है कि स्ट्राबेरी उथली जड़ों वाली फसल है तथा इसकी जड़ें मृदा की ऊपरी परत में 20-30 से.मी. तक ही सीमित रहती हैं। इसलिए इसमें अन्य फलों की अपेक्षा कम अंतराल पर सिंचाई करनी होती है। अच्छी गुणवत्ता के फल प्राप्त करने के लिए पानी की कमी तथा अधिकता दोनों से ही बचना चाहिए। सक्रिय वानस्पतिक वृद्धि तथा फूलने के समय सिंचाई आवश्यक है। यद्यपि फलों के पकने के समय इससे बचना चाहिए क्योंकि इसके कारण फलों में मुलायमपन आ सकता है व उनमें सड़न का संक्रमण भी हो सकता है। अधिक सिंचाई से फलों की गुणवत्ता, खासकर कुल घुलनशील ठोस (टी.एस.एस.) की मात्रा पर विपरीत प्रभाव पड़ता है। सामान्यत: पानी की मात्रा, भूमि की भौतिक दशा, जलवायु तथा किस्म विशेष के अनुसार दी जाती है। पानी धीरे-धीरे लगाएं जिससे अपवाह (रन ऑफ) से बचा जा सके। जलवायु की दशा व मृदा प्रकार को ध्यान में रखते हुए सिंचाई की बारम्बारता को घटाया या बढ़ाया जा सकता है। गर्मियों में खासकर यदि मौसम गर्म व शुष्क होता है तो बालू वाली मृदा में, बार-बार सिंचाई की आवश्यकता होती है। ठीक इसी प्रकार गर्मियो में भारी दोमट मृदा में सप्ताह में दो-तीन बार सिंचाई करनी चाहिए तथा जाड़ों में पानी की बारम्बारता कम (सप्ताह में एक बार) कर देनी चाहिए।

सिंचाई प्रणाली

स्ट्राबेरी में सिंचाई के लिए विभिन्न प्रणालियां प्रयोग में लाई जाती हैं। मुख्यत: धरातल, बूंद-बूंद या रिसना प्रणाली ज्यादा प्रयोग होती है। ये प्रणालियां मृदा के प्रकार तथा किसान की आर्थिक स्थिति पर निर्भर करती हैं। यदि उपमृदा भारी है व खेत में ढ़लान एक जैसा हो तो कूंड प्रणाली ज्यादा उपयोग होती है। कूंड प्रणाली में, पानी की आपूर्ति दो कतारों के

तथा संकरी नाली के बीच दो-तीन दिन बाद सिंचाई करते हैं। पत्तियों को नमी से बचाने के लिए सावधानी रखनी चाहिए। इसके वाष्पन से हरे भागों में झुलसन को बढ़ावा मिलता है। जहां पर पानी ज्यादा खारा (नमकीन) हो तथा उन क्षेत्रों में बंसत ऋतु में पाले की समस्या हो वहां पर बौछारी (स्प्रिंकलर) सिंचाई प्रणाली ज्यादा अच्छी रहती है। किन्तु अब बूंद-बूंद तथा रिसाव सिंचाई प्रणाली ज्यादा लोकप्रिय हो रही हैं। ये विधियां ज्यादा सुविधाजनक है। इसमें निम्नतम पानी की मात्रा के साथ-साथ ही पानी लगातार मिलता रहता है जो कि स्ट्राबेरी की प्रमुख आवश्यकता होती है। कूंड सिंचाई विधि की तुलना में रिसाव सिंचाई से औसतन 30 से 40 प्रतिशत तक पानी की बचत होती है। बूंद-बूंद सिंचाई प्रणाली 'फर्टीगेशन' (पानी के साथ उर्वरक) के लिए भी प्रयोग की जा सकती है। विभिन्न प्रयोगों से यह पाया गया है कि रिसाव सिंचाई प्रणाली से पौधों की बढ़वार, फलों के आकार, रंग तथा फलों की गुणवत्ता में अधिक सुधार होता है। बूंद-बूंद सिंचाई प्रणाली से स्ट्राबेरी में सबसे भंयकर बीमारी फल सड़न का विस्तार भी कम होता है। हमारे देश, विशेषकर महाराष्ट्र व हरियाणा में भी अब स्ट्राबेरी के खेतों में बूंद-बूंद सिंचाई प्रणाली अधिक लोकप्रिय हो रही है।

11. पोषण प्रबंधन

अन्य फलों की भांति स्ट्राबेरी की सही वृद्धि तथा विकास के लिए भी कई पोषक तत्वों की आवश्यकता होती है। प्रयोगों से यह पाया गया है कि स्ट्राबेरी में खाद व उर्वरकों के प्रयोग से काफी लाभ होता है। परन्तु, खाद व उर्वरक ही सभी समस्याओं का इलाज नहीं है क्योंकि इनके अलावा अनेक कारकों जैसे- मृदा की उर्वरता, भौतिक दशा, रोपण विधि, पर्याप्त नमी, मल्चिंग (पलवार) का प्रयोग तथा समय-समय पर खरपतवार, कीट-पतंगों व रोगों का नियंत्रण आदि भी उतने ही महत्वपूर्ण कारक हैं। उदाहरण के तौर पर, कुछ किस्मों में उनके विशेष गुणों के कारण दूसरी किस्मों की अपेक्षा एक ही क्षेत्र में अधिक उत्पादन देने की क्षमता होती है। अतः उर्वरक देने से कम उत्पादन देने वाली या रोग ग्रहणशील किस्मों से उच्च उत्पादन या रोगरोधी किस्मों के बराबर उत्पादन कदापि संभव नहीं है। ठीक इसी प्रकार मात्र उर्वरक देने से कम शीतन आवश्यकता वाली किस्म को गर्म क्षेत्रों में तथा गर्म क्षेत्रों की किस्म को कम शीतन वाले क्षेत्रों में सफल नहीं किया जा सकता।

स्ट्राबेरी के लिए आवश्यक पोषक तत्वों की कमी व अधिकता के लक्षणों का संक्षिप्त विवरण निम्नलिखित है:

नाइट्रोजन

नाइट्रोजन पौधों के सही विकास के लिए आवश्यक है। नाइट्रोजन की कमी से पौधों की वृद्धि में कमी (बौनापन) तथा पीला-हरा रंग विकसित होता है। सामान्यतः पत्तियां छोटी हो जाती हैं तथा ठंडल कठोर व सीधा दिखता है। पुरानी पत्तियों के किनारे चमकीले नारंगी लाल रंग के तथा बाद में धीरे-धीरे भूरे होकर सूख जाते हैं। भूस्तारी क्षमता तथा पौधों की पैदावार तेजी से घटती है, तथा जो पौधे बनते भी हैं वे चमकीले लाल तथा मोटे होते हैं। नाइट्रोजन की कमी से स्ट्राबेरी की वानस्पतिक

वृद्धि तथा लैगिंक वृद्धि पर भी विपरीत प्रभाव पड़ता है। अतिरिक्त नाइट्रोजन से पौधों में अतिरिक्त वृद्धि हो जाती है जिसके परिणामस्वरूप इसके फूलने में देरी हो जाती है तथा पैदावार भी प्रभावित होती है। अधिक नाइट्रोजन से पत्तियों में क्षति तथा फलों का मुलायम होना आम बात है। इसके अतिरिक्त फलों की गुणवत्ता पर भी विपरीत प्रभाव पड़ता है।

फॉस्फोरस

फॉस्फोरस स्ट्राबेरी में नई कोशिकाओं के बनने तथा जड़ों को बढ़ाने में अति आवश्यक भूमिका निभाता है। फॉस्फोरस की कमी से पौधों में बौनापन आ जाता है। पत्तियां गहरी हरी तथा नीचे की ओर मुड़ने लगती हैं। इसके बाद पुरानी पत्तियों की शिराओं में नीलापन तथा पूरी पत्ती नीली बैंगनी दिखती है। प्रभावित पौधों में भूस्तारी बनाने की क्षमता कमजोर होती है। फलों की दृढ़ता के लिए भी फॉस्फोरस सबसे अच्छा व आवश्यक पोषक तत्व है। इसके अलावा फॉस्फोरस के प्रयोग से भूस्तारी उत्पादन बढ़ता है तथा पैदावार, फलों का आकार व भार भी तेजी से बढ़ता है। अधिक फॉस्फोरस के उत्तेजक परिणाम से पत्तियों पर धब्बा, कम कुल ठोस घुलनशील पदार्थ (टी.एस.एस.) तथा पाला प्रतिरोधिता में कमी होती है। इसकी अधिकता से नाइट्रोजन की उपलब्धता भी प्रभावित होती है जिससे पौधों में नाइट्रोजन की कमी भी हो सकती है।

पोटेशियम

पोटेशियम मुख्यत: मैटाबोलिक तथा नए ऊतकों में कोशिका उत्पादन व विभाजन का कार्य करता है। यह प्रोटीन एवं कार्बोहाइड्रेटस के निर्माण के लिए भी आवश्यक है। पौधों में इसकी प्रचुर मात्रा होने से उनमें कीट-पतंगों का प्रकोप, ठंड व सूखा तथा अन्य प्रतिकूल दशाओं के प्रति सहन क्षमता बढ़ती है। इसकी कमी के कारण पौधों की वृद्धि में कमी, पैदावार एवं फल आकार में कमी तथा फलों के पकने में अनियमितता होती है। प्रयोगों से यह पाया गया है कि उर्वरकों की सूची से पोटाश

उर्वरक हो हटाने पर स्ट्राबेरी के पोषण, ओजस्विता, जीवन क्षमता तथा फलत पर बहुत की विपरीत प्रभाव पड़ता है। इसलिए, पोटाश की मात्रा बढ़ाने पर पौधे में फल गुणवत्ता में सुधार होता है किन्तु इसके अधिक प्रयोग से कैल्शियम व मैग्नीशियम का अवशोषण कम होता है जिससे पौधों में मैग्नीशियम तथा जस्ते की कमी हो सकती है।

कैल्शियम

कैल्शियम कोशिका भित्ति का आवश्यक मौलिक भाग है। यह कोशिकाओं को एक दूसरे के साथ जोड़े रखता है तथा फॉस्फोटेज इंजाइम (enzyme) को भी सक्रिय करता है। यह कार्बोहाइड्रेटस के आवागमन तथा जड़ तंत्र के अच्छे विकास में भी अहम् भूमिका निभाता है। इसके अलावा यह मृदा में सोडियम, पोटेशियम तथा मैग्निीशियम के विषैले प्रभाव को निष्प्रभावी करता है। इसकी कमी से पौधों में नई पत्तियों के ऊपरी हिस्सों का झुलसना तथा पत्तियों का कम खुलना एक मुख्य समस्या है। प्रभावित पत्तियां बाद में कुरूप होकर चटख जाती हैं। कैल्शियम की कमी से एन्थोसाइनिन का निर्माण प्रभावित होता है जिसके परिणामस्वरूप फलों में रंजकहीनता (albinism) हो सकता है। इसके अतिरिक्त कैल्शियम की कमी में पैदा हुए फलों में भंडारण के समय अधिक सड़न होती है। पौधों की सामान्य वृद्धि के लिए, फलों के सही विकास तथा पत्तियों के ऊपरी हिस्से को क्षति से बचाने के लिए सामान्यतः कम, परन्तु लगातार कैल्शियम की आपूर्ति आवश्यक है।

मैग्नीशियम

यह क्लोरोफिल का मुख्य मौलिक भाग है। यह कई इंजाइम को भी सक्रिय करता है तथा डी-कार्बोऑक्सीलेसन अभिकरण, कार्बोहाइड्रेटस का उपापचयन व फॉस्फोरस के स्थानांतरण में भी इसका महत्वपूर्ण योगदान है। यह फलों में कार्बनिक अम्लों के निर्माण में भी सहायता करता है। स्ट्राबेरी में इसकी अधिक आवश्यकता नहीं है, परन्तु कभी-कभी

पथरीली भूमि में इसकी कमी हो जाती है तथा जब पोटेशियम उर्वरकों की अधिक मात्रा दी जाती है तो पौधों को सामान्य रूप से मैग्नीशियम की उपलब्धता नहीं हो पाती है। इसकी कमी के परिणामस्वरूप पत्तियों के बाहरी भागों में ऊपर से नीचे की तरफ पीला-हरा रंग आ जाता है तथा भीतर की तरफ पत्तियों में सिकुड़न हो जाती है। कभी-कभी इसकी कमी से कम भूस्तारी पैदावार, फलों के विकास में कमी तथा उनके पकने में देरी हो सकती है।

जस्ता

वैज्ञानिक मानते हैं कि इंडोल एसीटिक अमल पादप हार्मोन के जैव निर्माण में जस्ता भी एक कारक रहता है। इसकी न्यूक्लिइक एसिड, प्रोटीन तथा कार्बोहाइड्रेट के निर्माण में मूलभूत भूमिका होती है। इसके अतिरिक्त यह नाईट्रोजन व फॉस्फोरस के अनुप्रयोग में भी उत्प्रेरक का कार्य करता है। जस्ते की कमी से पत्तियां कुछ संकरी एवं नतोदर रूप में, हल्के हरे से पीले रंग की हो जाती हैं। इससे पौधे की वृद्धि प्रभावित होती है जिसके परिणामस्वरूप कम पैदावार के साथ-साथ फलों की गुणवत्ता भी प्रभावित होती है। जस्ते की कमी के साथ इसकी अधिकता भी पौधों के लिए हानिकारक होती है। वैज्ञानिकों ने यह पाया है कि इसकी अधिकता से लोहा हरिमहीनता, ऊतक क्षय तथा पौधों की वृद्धि पर बुरा प्रभाव पड़ता है।

बोरॉन

यह एंजाइम तथा को-एंजाइम का मौलिक भाग है। बोरॉन जाइलम तथा फ्लोइम ऊतकों के अच्छे विकास के लिए एक आवश्यक तत्व है। यह कार्बोहाइड्रेटस के उपापचय तथा कोशिका परिपक्व होने की क्रियाओं में भी शामिल होता है। बोरॉन की कमी के कारण पौधों में विभिन्न प्रकार के लक्षण दिखाई देते हैं परन्तु यह जाति विशेष, किस्म तथा पौधे की आयु पर निर्भर करता है। इसकी कमी का सबसे पहला लक्षण

जड़ के अग्रभाग की सामान्य वृद्धि का रूकना होता है। सामान्यतः पौधों में बोरॉन की कमी से वानस्पतिक वृद्धि में कमी, कुरूप फल पैदा होना एवं पुंज का घटिया विकास आदि हो सकते हैं। इसकी कमी के परिणामस्वरूप फलों में कम मिठास तथा विटामिन 'सी' की मात्रा में कमी हो सकती है किन्तु यदि बोरॉन की सान्द्रता निर्धारित सीमा से बहुत ज्यादा हो तो यह पौधों के लिए विषैली भी हो जाती है। इसकी कमी (< 25 पीपीएम) तथा अधिकता (> 200 पीपीएम), पत्तियों में ऊतक क्षय व पोटाश की कमी के लक्षण दिखना होता है। इसकी न्यूनतम पूर्ति से फलों की संख्या में बढ़ोत्तरी होती है, जिससे पैदावार बढ़ती है।

लोहा

यद्यपि लोहा क्लोरोफिल का मौलिक भाग नहीं है तथापि यह इसके निर्माण के लिए आवश्यक है। यह कई एंजाइम में उत्प्रेरक की तरह कार्य करता है। लोहे की कमी से पौधों की नवनिर्मित (नई) पत्तियों की शिराओं में मैग्नीशियम के समान हरिमहीनता के लक्षण दिखाई देते हैं। स्ट्राबेरी को यदि उच्च पी.एच. मान वाली कैल्शियम युक्त मृदाओं में उगाया जाए तो बोरॉन की कमी के कारण पत्तियों में सामान्य हरिमहीनता हो जाती है जिससे पैदावार में बहुत कमी हो जाती है।

कॉपर

कॉपर अनेकों एंजाइम का मौलिक भाग है। इसकी कमी पहले नई पत्तियों में दिखती है। कॉपर की कमी से पौधों की नई पत्तियां हल्की हरी तथा बड़ी शिराओं के बीच में लाल भाग सहित हल्की हरी हो जाती हैं। पुरानी पत्तियों में लक्षण कम विशिष्ठ होते हैं। इसकी कमी उन मृदाओं में प्रायः अधिक होती है जिनमें कॉपर की मात्रा 3 मि.ग्रा./कि.ग्रा. शुष्क मृदा मात्रा से कम होती है। ऐसी परिस्थितियों में फलत के साथ-साथ फलों की गुणवत्ता में काफी कमी आ जाती है।

मैग्नीज

यह तत्व क्लोरोफिल के निर्माण के लिए आवश्यक है। यह प्रकाश संश्लेषण, लोहा स्थानांतरण तथा नाइट्रोजन उपापचयन की सामर्थ्य बढ़ाने में सहायता करता है। यह क्लोरोप्लास्ट की झिल्ली प्रणाली में भी प्राणभूत भूमिका अदा करता है। स्ट्राबेरी में, मैग्नीज की कमी के परिणामस्वरूप पत्तियों में हल्के हरे से पीले रंग की आंतरिक शिराएं बन जाती हैं जबकि मुख्य शिराएं हरी रहती हैं। मैग्नीज सल्फेट के पर्णीय छिड़काव से यह कमी ठीक की जा सकती है। इसकी सान्द्रता की मात्रा, इसकी कमी की सीमा पर निर्भर करती है और उसी के अनुसार छिड़काव किया जाना चाहिए।

खाद एवं उर्वरक

अधिक पैदावार एवं अच्छी गुणवत्ता वाले फलों के लिए खाद एवं उर्वरक की पर्याप्त मात्रा आवश्यक है। किन्तु खाद एवं उर्वरकों का प्रत्येक क्षेत्र, जलवायु की दशाओं एवं विभिन्न किस्मों हेतु एक ही मात्रा का अनुप्रयोग करना अत्यंत कठिन कार्य है क्योंकि खाद व उर्वरकों की मात्रा कई कारकों जैसे- मृदा प्रकार, मृदा का उपजाऊपन स्तर, रोपण प्रणाली, जलवायु दशा, किस्म विशेष तथा उर्वरक के प्रकार आदि पर निर्भर करती है। इसके अतिरिक्त संसार के कुछ भागों में स्ट्राबेरी का रोपण केवल एक वर्ष (वार्षिक उत्पादन) तथा अन्यों में बहुवर्षीय (3 वर्ष या अधिक) फसल के लिए किया जाता है। इसलिए खाद एवं उर्वरकों की सूची इन सब बातों को ध्यान में रखकर बनाई जानी चाहिए। सामान्यतः पौध रोपण से पहले मृदा परीक्षण करवाकर ही खाद एवं उर्वरकों की मात्रा उपयोग करनी चाहिए। सामान्य रूप से गौण एवं सूक्ष्म तत्वों का पौधों के विकास एवं पैदावार पर ज्यादा प्रभाव होता है परन्तु नाइट्रोजन, फॉस्फोरस, पोटाश, बोरॉन तथा चूने की पर्याप्त मात्रा का प्रयोग तो करना ही चाहिए।

उर्वरकों का अनुप्रयोग

संस्तुत उर्वरकों की विभिन्न मात्रा, विभिन्न कारकों पर निर्भर करती है। शरद ऋतु में 200 क्विंटल गली-सड़ी गोबर की खाद, 40 किग्रा. नाइट्रोजन, 40 किग्रा. फॉस्फोरस तथा 20 किग्रा. पोटाश प्रति हैक्टेयर तथा बसंत ऋतु में 20 किग्रा. नाइट्रोजन सिंचाई के बाद वृद्धि के आरभ में, किन्तु फूलने से पहले देना आदि क्रियाएं भारत में अपनाई जाती हैं। मृदाओं में पोटाश की कमी होने पर इसकी मात्रा 40 किग्रा. प्रति हैक्टेयर की दर से बढ़ा सकते हैं। हांलाकि भारतीय मृदाओं में साधारणतः पोटाश की कमी नहीं होती है। ऊपर बताई गई गोबर खाद की मात्रा को रोपण से पहले खेत की तैयारी करते समय मिलाना चाहिए। ऊपर बताई गई उर्वरकों की मात्रा को क्षेत्र विशेष की दशाओं व मिट्टी परीक्षण की रिर्पोट के अनुसार घटाना या बढ़ाना चाहिए।

कार्बनिक खाद

स्ट्राबेरी के उत्पादन के लिए कार्बनिक खाद बहुत ही आवश्यक है। चूंकि स्ट्राबेरी की जड़ें 25-30 से.मी. की ऊपरी मृदा तह में ही रहती हैं, अतः मृदा की बार-बार जुताई कर, पर्याप्त मात्रा में कार्बनिक खादों की आपूर्ति करके भुरभुरा बना लेना चाहिए। पर्याप्त मात्रा में कार्बनिक खाद (80-100 टन/हैक्टेयर) खेत की तैयारी के समय डालें जिससे यह सड़कर पौधों को पोषक तत्वों को उपलब्ध करा सके। इसी प्रकार रासायनिक उर्वरकों के मृदा पर विपरीत प्रभाव से बचाने हेतु खेतों में हरी खाद का प्रयोग करें। हरी खाद के रूप में लोबिया, ढ़ैंचा, सैंजी व सनई का प्रयोग बहुत अच्छा पाया गया है। मृदा में 2.5 प्रतिशत से अधिक कार्बनिक पदार्थ की मात्रा उपलब्ध हो तो इससे ही अच्छे फलोत्पादन के लिए नाइट्रोजन की पर्याप्त मात्रा की आपूर्ति हो जाती है किन्तु यह मात्रा स्थान से स्थान के अनुसार भिन्न-भिन्न होती है। सामान्य रूप से, अच्छी तरह से गली-सड़ी गोबर की खाद इसके उत्पादन के लिए सबसे अच्छी है। स्ट्राबेरी की व्यावसायिक खेती के लिए 25-30 टन/हैक्टेयर गली-सड़ी

गोबर की खाद रोपण से पहले डालें। इसके अतिरिक्त मुर्गी की खाद, मुर्गीघर की बिछावन तथा मशरूम की कम्पोस्ट भी प्रयोग कर सकते हैं। इन खादों में नाइट्रोजन, फॉस्फोरस व पोटाश की मात्रा ज्यादा होती है। इसलिए इनकी मात्रा कम कर सकते हैं। साधारणत: 5-7 टन प्रति हैक्टेयर मुर्गी की खाद, 50-70 टन गली-सड़ी गोबर की खाद के बराबर पोषक तत्व प्रदान करती है। इसलिए पौध रोपण से पहले गोबर की खाद का प्रयोग फसल के सभी आवश्यक पोषक तत्वों की आवश्यकता की पूर्ति को कई वर्षों तक कर, मृदा को उपजाऊ बना सकता है।

पोषक तत्वों की उपलब्धता, जड़ों के फैलाव पर निर्भर करती है, जो भूमि की गहराई तथा मृदा में उपलब्ध जल स्तर पर निर्धारित होती है। व्यावसायिक स्तर पर संरक्षित उत्पादन हेतु वैज्ञानिकों द्वारा विभिन्न उर्वरकों तथा खादों की मात्रा की संस्तुति की गई है। स्ट्राबेरी को ग्रीन हाऊस में पीट तथा स्टाईरोमुलल (75:25) के मिश्रण या मुर्गियों की बिछावन या मॉस घास को प्युमिक मिश्रण के साथ मिलाकर उगाने से और भी अधिक लाभ मिलता है। इसी प्रकार रॉकवूल, पीट की गांठे तथा मशरूम कम्पोस्ट आदि अन्य माध्यम भी स्ट्राबेरी को संरक्षित दशा में उगाने के लिए ठीक पाए गए हैं।

पर्णीय छिड़काव

पर्णीय (foliar) अनुप्रयोग द्वारा पोषक तत्वों की आपूर्ति को उर्वरकों द्वारा देना बहुत ही प्रभावकारी माध्यम है। पत्तियां, पोषक तत्वों/उर्वरकों को तुरंत अवशोषित करती हैं। सामान्य रूप से यूरिया तथा कुछ सूक्ष्म तत्वों को पर्णीय माध्यम द्वारा भी दे सकते हैं। कभी-कभी फॉस्फोरस तथा पोटाश आदि तत्वों को भी पर्णीय माध्यम द्वारा दिया जाता है। पोषक तत्वों के पर्णीय उपयोग से पौधों में फूल जल्दी आते हैं, उनमें फल भी अधिक लगते हैं जिससे पैदावार में बढ़ोतरी होती है। नाइट्रोजन (0.5 प्रतिशत), फॉस्फोरस (0.2 प्रतिशत) तथा पोटाश (0.5 प्रतिशत) का पर्णीय छिड़काव अगस्त से फरवरी तक की समयावधि में क्रमश:

नाइट्रोजन, फॉस्फोरस तथा पोटाश की आपूर्ति के लिए बहुत की बेमिसाल तरीका है। बेस फोलियर कॉम्बीस्ट्रिप (सूक्ष्म तत्वों का अनुपूरक) लोहे का ई.डी.एच.ए. तथा कैल्शियम क्लोराइड (0.5 प्रतिशत) आदि की आपूर्ति पर्णीय छिड़काव द्वारा ठीक रहती है। सामान्य रूप से पर्णीय छिड़काव द्वारा स्ट्राबेरी में अधिक उत्पादन के साथ अच्छी गुणवत्ता वाले फल मिलते हैं।

ऊतक विश्लेषण

पौधों में संभावित पोषक तत्वों के स्तर के लिए, ऊतक विश्लेषण (tissue analysis) बहुत ही अच्छी व विश्वसनीय तकनीक है। सामान्यत: स्ट्राबेरी में पत्ती ही पोषक तत्वों के स्तर को इंगित करने हेतु सबसे बढ़िया भाग पाया गया है। फॉस्फोरस के लिए मुकुट या पत्ती पत्रक, पोटाश के लिए पत्तियों का ठंडल तथा मैग्नीशियम के लिए जड़ें क्रमश सबसे अच्छे भाग पाए गए हैं। फलत के समय हाल ही में सम्पूर्ण रूप से तैयार पत्ती या पत्तियों को विश्लेषण के लिए ले सकते हैं। नाइट्रोजन, फॉस्फोरस, पोटाश तथा मैग्नीशियम आदि तत्वों की फलन के समय क्रांतिक स्तर तथा कमी की दक्षता व हाल ही में तैयार पत्तियों में सल्फर, लोहा, मैग्नीज, जस्ता, कॉपर, बोरॉन तथा मॉलिब्डीनम आदि की दशा का ब्यौरा सारणी 4 में दिया गया है।

सारणी 4. स्ट्राबेरी में मुख्य और सूक्ष्म पोषक तत्वों की क्रांतिक सीमाएं और कमी का स्तर

पोषक तत्व	कमी का स्तर	क्रांतिक सीमा
मुख्य पोषक तत्व		
(शुष्क पदार्थ का प्रतिशत)		
नइट्रोजन	2.0	2.6 – 3.0
फॉस्फोरस	0.20	0.25 – 0.30
पोटेशियम	1.0	1.5
मैग्नीशियम	0.1	0.15

शूक्ष्म पोषक तत्व (शुष्क पदार्थ पी.पी.एम. में)

सल्फर	300-900	1000
लोहा	5-40	50
मैंगनीज	4-25	30
बोरॉन	ढ 3.0	3.0
मोलिब्डेनम	18-22	25
तांबा	ढ 3.0	3

फर्टीगेशन

स्ट्राबेरी उगाने वाले विकसित देशों में बूंद-बूंद सिंचाई प्रणाली के द्वारा उर्वरकों का उपयोग एक पुराना तरीका है। परन्तु भारत में, स्ट्राबेरी की व्यावसायिक खेती की नींव अभी हाल की में पड़ी है और अधिकतर किसान सिंचाई के पुराने तरीकों को ही अपनाते हैं। किसानों की कमजोर वित्तीय स्थिति तथा सरकार की सही सहायता की कमी के कारण स्ट्राबेरी उगाने वाले किसान सिंचाई की कूंड विधि को ही अपना रहे हैं। किन्तु अभी कुछ समय से महाराष्ट्र तथा हरियाणा में कुछ स्ट्राबेरी उत्पादकों ने अपने क्षेत्रों में कुछ सूक्ष्म सिंचाई प्रणालियां (बूंद-बूंद व बौछारी फुहार छिड़काव प्रणालियां) लगाई हैं। किसानों ने अब अपने स्ट्राबेरी के खेतों में फर्टीगेशन (fertigation) की तकनीक भी शुरू कर दी है। परम्परागत खाद प्रयोग की विधियों से फर्टीगेशन की तकनीक के कुछ अपने फायदे हैं जो इस प्रकार है :

1. इस विधि द्वारा उर्वरकों का एक समान वितरण होकर उनकी आवश्यकतानुसार स्थान पर आपूर्ति होती है।
2. उर्वरकों का रिसकर तथा अन्य रूप से नुकसान नहीं होता है।
3. इस विधि में बहुत ही कम मजदूरी की आवश्यकता होती है।
4. उर्वरकों के स्थानांतरण तथा उनके भंडारण में कम से कम हानि होती है।

5. बूंद-बूंद या बौछारी माइक्रोजेट प्रणाली द्वारा उर्वरकों के साथ खरपतवारनाशी (खरपतवार नियंत्रण) तथा कीटनाशी (कीटनाशी तथा कवकनाशी आदि) का भी प्रयोग कर सकते हैं।

किन्तु यह प्रणाली (फर्टीगेशन) हमारे देश में निम्नलिखित कारणों से अधिक प्रसिद्ध नहीं हो रही है।

1. फर्टीगेशन संयंत्र लगाने हेतु किसान को प्रारंभ में काफी खर्च करना पड़ता है।
2. इसके प्रयोग के लिए तकनीकी ज्ञान की आवश्यकता होती है।
3. यदि सिंचाई हेतु प्रयुक्त पानी खारा है तो इससे माइक्रोजेट को नुकसान हो सकता है। इसलिए इसमें माइक्रोजेट तथा पाईपों का समय-समय पर लगातार देखते रहना चाहिए।

फर्टीगेशन में प्रयोग उर्वरकों की मात्रा के उपयोग का निर्णय तकनीकी विशेषज्ञों का काम है जो कि वास्तव में बहुत कठिन निर्णय होता है। सामान्यतः स्ट्राबेरी में नाइट्रोजन, फॉस्फोरस व पोटाश 2:1.5:4 या 2:1.5:3 के अनुपात में प्रयोग से पौधों में अच्छी वृद्धि और अधिक पैदावार के लिए अच्छा रहता है। गौण तथा सूक्ष्म तत्वों की सही मात्रा की आपूर्ति बूंद-बूंद सिंचाई द्वारा देना भी कठिन होता है क्योंकि फर्टीगेशन अनेक कारकों जैसे- मृदा प्रकार, जलवायु, किस्मों तथा खाद के प्रकार आदि पर भी निर्भर करती है।

12. पलवारना

स्ट्राबेरी उत्पादन के लिए पलवार (मल्च)का प्रयोग एक बहुत ही लाभदायक मान्य कृषि क्रिया है। उचित पलवार मृदाओं में नमी संरक्षण, ठंड एवं पाले से न्यूनतम नुकसान, खरपतवारों की संख्या व उनकी वृद्धि रोकना, मृदा क्षरण में कमी, फलों को सड़न एवं गंदा होने में कमी तथा फलों को मृदा सम्पर्क से बचाने में सहायता करती है। जाड़े से सुरक्षा में, मल्चिंग पौधों को गिरने से तथा जड़ों को शीतन/ठण्ड से होने वाली हानि से बचाती है। इसके अलावा यह पौधों को अत्याधिक शीतन व सूखने से बचाती है। इसके प्रयोग से फलों की तुड़ाई में आसानी तो होती ही है तथा फल के रंग में सुधार तथा पैदावार में बढ़ोत्तरी भी होती है, जिसका विवरण आगे दिया गया है।

पलवार (मल्च) के गुण

एक आदर्श पलवार में निम्नलिखित गुण सदैव होने चाहिए:

1. यह सदैव आसानी से मिलनी चाहिए।
2. यह सस्ती होनी चाहिए अर्थात् इस पर कम खर्च हो।
3. इसमें खरपतवारों के बीज नहीं होने चाहिए अन्यथा इसके प्रयोग के समय खरपतवारों के बीज भी खेत में उगकर मुख्य फसल को हानि पहुंचाते हैं।
4. इसे आसानी से बिछाया जा सके।
5. इसका स्ट्राबेरी के पौधों पर हानिकारक प्रभाव नहीं होना चाहिए।
6. यह न बहुत मोटी और न ही बहुत हल्की होनी चाहिए।
7. यह आसानी से सड़ने वाली होनी चाहिए।
8. पलवार कीट-पतंगों तथा बीमारियों को आकर्षित न करे।
9. इसमें गर्मी को ग्रहण करने की अच्छी शक्ति होनी चाहिए।

पलवार के प्रकार

संसार के विभिन्न भागों में स्ट्राबेरी में विभिन्न प्रकार के पलवारों का प्रयोग होता है। इनमें से कुछ का विवरण निम्नलिखित है:

1. सूखी घास व पुआल

स्ट्राबेरी में पलवार के लिए धान का पुआल, स्वच्छ गेहूं या राई का भूसा सबसे अच्छी पलवार पाई गई है। सूखी घास, यदि सस्ती उपलब्ध हो तो इसे भी पलवार के लिए प्रयोग कर सकते हैं। एक हैक्टेयर खेत में पलवार के लिए लगभग 15-20 टन धान की पुआल पर्याप्त रहती है। शुष्क भूमि की अपेक्षा कुंड सिंचाई दशा में पुआल की पलवार लगाना एक मुश्किल कार्य है। इस दशा में सिंचाई की कतारों के बीच स्थान छोड़ते हुए पुआल को पौधों के चारों ओर फैलाते हैं।

यदि आवश्यक मात्रा में पुआल उपलब्ध ना हो तो पलवार के लिए कुछ अनुरूप फसल उगाने की सलाह दी जाती है। राई, सूडान घास, ज्वार और बाजरे का मिश्रण भी अच्छी मात्रा में पलवार पैदा करते हैं। कपास का शेष भाग (छीलन/बची मात्रा) या झाड़ू बनाने वाला पौधा भी अच्छी तथा सस्ती पलवार बन सकते हैं। पुआल या घास की पलवार से पहले, पौधों को कीट-पतंगों तथा रोगों के प्रकोप से बचाने के लिए मृदा को कीटनाशी तथा कवकनाशी से उपचारित कर लेना चाहिए। पुआल की पलवार के प्रयोग के साथ यदि क्यारियों पर प्लास्टिक की कतार का प्रयोग (ढ़कने हेतु) संरक्षित उत्पादन उत्पादन हेतु किया जाए तो पौधों की वृद्धि बढ़ती है तथा फलों की गुणवत्ता व पैदावार में बहुत ज्यादा बढ़ोत्तरी होती है। पुआल को हाथों या मशीनों द्वारा बिछाया जाता है। हाथ द्वारा पुआल फैलाना एक धीमी प्रक्रिया है परन्तु 'एनसाइलेज स्प्रेड़र' नामक यंत्र से यह काम जल्दी तथा सस्ता हो सकता है। भारत में सूखी घास तथा पुआल आदि जिन्हें किसान अन्य फसलों का बेकार भाग समझते हैं, का प्रयोग पलवार हेतु किया जा सकता है और ये आसानी से मिल भी जाते हैं।

पुआल एवं सूखी घास की पलवार के लाभ

पुआल व सूखी घास के पलवार के रूप में प्रयोग के कई लाभ हैं जैसे-

1. पुआल व सूखी घास अन्य पलवार पदार्थों की अपेक्षा (प्लास्टिक पलवार) सस्ते होते हैं।
2. यह आसानी से मिल जाते हैं।
3. यह आसानी से सड़ जाते हैं जिससे खेत को अतिरिक्त कार्बनिक खाद भी मिल जाती है।
4. इन्हें स्थानीय मजदूरों द्वारा आसानी से फैलाया जा सकता है।

पुआल एवं सूखी घास की पलवार से हानियां

पुआल एवं घास का पलवार के रूप में प्रयोग से कुछ नुकसान भी है जो निम्नलिखित हैं-

1. इनमें दाने तथा खरपतवार के बीज होते हैं जो कि उगने के बाद मुख्य फसल के साथ पानी व पोषक तत्वों के लिए प्रतिस्पर्धा करके खरपतवार बन जाते हैं।
2. इनमें हानिकारक रोगजनक भी हो सकते हैं जो कि स्ट्राबेरी के पौधों तथा फलों को संक्रमित कर सकते हैं।
3. पौधों के नीचे पुआल बिछाना तथा उसे हटाना एक कठिन तथा मेहनती कार्य है।
4. प्रत्येक वर्ष नई बिछावन (ड्रैसिंग) की आवश्यकता होती है।

2. काली प्लास्टिक

विभिन्न देशों में व्यावसायिक स्तर पर काली प्लास्टिक को ही मुख्यतः पलवार के लिए प्रयोग किया जाता है। 200-400 गेज वाली काली प्लास्टिक विभिन्न चौड़ाईयों में (3, 4, 6 फुट या अधिक चौड़ाई)

व इच्छित लंबाई में प्रयोग की जाती है। किसान प्लास्टिक को क्यारियों के ऊपर पौध रोपण से पहले या पौध रोपण के एक से चार सप्ताह बाद अपनी सुविधानुसार बिछा सकते हैं। कुछ विकसित देशों में अनेक उत्पादक तैयार क्यारियों पर मशीन की सहायता से प्लास्टिक बिछाकर व बाद में हाथ द्वारा प्लास्टिक में जगह बनाकर पौध रोपण करते हैं। किन्तु कुछ उत्पादक पहले प्लास्टिक बिछाते हैं तथा बाद में पौधों को रोपित करते हैं।

काली प्लास्टिक के लाभ

काली प्लास्टिक पलवार के रूप में प्रयोग के निम्नलिखित लाभ हैं-

1. काली प्लास्टिक पलवार के प्रयोग से पौधे अधिक ओजस्वी होते हैं।
2. इसे दुबारा प्रयोग कर सकते हैं, परन्तु पुआल या सूखी घास को नहीं।
3. सामान्य रूप से, अधिक उत्पादन व अच्छी गुणवत्ता वाले फल प्राप्त होते हैं।
4. फल जल्दी पकते हैं तथा फलों में सड़न काफी कम होती है।
5. मृदा में अधिक नमी संरक्षित होती है जिससे सिंचाई की बारम्बारता घटती है।
6. इसके प्रयोग से पोषक तत्वों की निक्षालन (लीचिंग) काफी हद तक रूक जाती है।
7. जब पानी की मात्रा अधिक दी गई हो, इसके प्रयोग से फल साफ होते हैं व कम चटकते हैं।

काली प्लास्टिक की हानियां

काली प्लास्टिक पलवार के रूप में प्रयोग के निम्नलिखित नुकसान भी हैं-

1. सूखी घास या पुआल की अपेक्षा प्लास्टिक पलवार ज्यादा कीमती होती है। अतः किसान को अधिक पैसा खर्च करना पड़ता है।
2. यह आसानी से सड़ती नहीं है जिससे प्रदूषण की समस्या पैदा हो सकती है।
3. यह अधिक गर्मी अवशोषित करती है तथा सम्पर्क में आए फलों पर अवांछित तथा भद्दे धब्बे बनते हैं।
4. इसे गर्मियों में हर वर्ष हटाना पड़ता है।

3. पारदर्शी प्लास्टिक पलवार

200-400 गेज की पारदर्शी प्लास्टिक पलवार भी स्ट्राबेरी में प्रयोग कर सकते हैं। यह जाड़ों वाले रोपण में ज्यादा प्रयोग होती है। सामान्य रूप से, पलवार पौध रोपण के कुछ सप्ताह बाद प्रयोग करते हैं। पारदर्शी प्लास्टिक पलवार से पैदावार में अत्यधिक बढ़ोत्तरी में सहायता मिल सकती है जो कि प्रारंभिक तापमान की बढ़ोत्तरी के प्रभाव से होता है, चूंकि जाड़ों में सफल रोपण मुख्यतः प्रारम्भिक तापमान पर ही निर्भर करता है। जब जाड़ों में तापमान अत्यधिक कम हो तो पलवार का प्रयोग नितांत आवश्यक होता है। यदि पलवार का प्रयोग बहुत देर से किया गया हो तो सामान्यतः भूस्तारी का उत्पादन बढ़ता है जिससे पैदावार घटती है। पारदर्शी प्लास्टिक के अतिरिक्त स्ट्राबेरी में सफेद प्लास्टिक भी पलवार के लिए प्रयोग की जाती है।

4. रंगीन प्लास्टिक फिल्में

स्ट्राबेरी के उत्पादन के लिए, काली व पारदर्शी प्लास्टिक के अतिरिक्त कुछ रंगीन फिल्में जैसे लाल, बैंगनी, भूसर हरी तथा भूरी आदि भी पलवार के लिए प्रयोग होती हैं।

5.. जैव निष्पादन कागज

कुछ विकसित देशों में पॉलिथीन परत सहित दोनों या एक सतह पर पॉलिथीन परत के साथ जैव निष्पादन कागज (biodegradable paper) का पलवार हेतु प्रयोग होता है। इन पलवारों से भी काली पॉलीथीन पलवार की तुलना में अच्छी पैदावार मिलती है। जैव निष्पादन कागज की पलवार का एक लाभ यह भी है कि इसे खेत में मौसम के अंत में हटाने की आवश्यकता नहीं होती क्योंकि यह आसानी से खेत में सड़ जाता है। किन्तु यह काली या सफेद पॉलीथीन की तुलना में बहुत ज्यादा कीमती होती है।

5. चीड़ की पत्तियां

भारत के हिमाचल प्रदेश एवं कई अन्य पहाड़ी प्रदेशों की मध्यम ऊंचाई वाली पहाड़ियों में स्ट्राबेरी में पलवार हेतु चीड़ की पत्तियां एक अच्छा विकल्प है क्योंकि ये चीड़ के पेड़ों के घने जंगलों में बहुतायत में पैदा होती हैं। एक हैक्टेयर स्ट्राबेरी के खेत के लिए लगभग 10-15 टन चीड़ की पत्तियां पलवार के लिए पर्याप्त होती हैं।

पलवार के प्रयोग का समय

पहाड़ी क्षेत्रों में पलवार का प्रयोग कब किया जाए, यह उस समय विद्यमान स्थितियों पर निर्भर करता है। जाड़ों में जब तापमान 2-3 डिग्री सेंटीग्रेड से कम या और नीचे हो तो पलवार बिछा दी जानी चाहिए। पलवार के प्रयोग हेतु आदर्श समय प्रत्येक वर्ष भिन्न-भिन्न हो सकता है। सामान्यतः पलवार को पौधे के आकार, रोपण की तिथि, किस्म की शीत तापमान की आवश्यकता तथा क्षेत्र की दशाओं को ध्यान में रखते हुए दिसम्बर या जनवरी में बिछा देना चाहिए।

यदि पौधे विकसित हो रहे हों या संस्तुत तिथि की अपेक्षा देर से रोपे गए हों, जिससे पौधे की बढ़वार रूक गई हो तो एकदम पलवार को बिछा देना चाहिए। उत्तरी भारत की दशाओं में नवम्बर माह में पलवार को बिछा देना चाहिए। यदि रोपण समय से जल्दी किया हो तो पलवार को जल्दी नहीं बिछाना चाहिए चूंकि इससे फलों के आकार, संख्या तथा उनकी गुणवत्ता प्रभावित होती है। बसंत ऋतु में फलत देने वाली किस्मों

में, यदि पूर्णत: जाड़े से सुरक्षा नहीं की गई तो फूलने से कई सप्ताह पहले ही पुआल की पलवार बिछा देनी चाहिए। इससे फलों के गंदे होने से बचाव तो होता ही है साथ में फल स्वच्छ तथा चमकीले भी होते हैं। पलवार को क्यारियों के ऊपर समान रूप से फैला देना चाहिए जिससे पौधे पूरी तरह से ढ़क जाएं तथा गर्मी आने पर इसे तुरन्त हटा दें। यदि पौधों में फूलने के बाद पलवार लगाते हैं तो फूलों तथा विकसित फलों को नहीं ढ़कना चाहिए, अन्यथा लाभ के बजाए हानि होती है।

पलवार की गहराई

यदि पलवार के लिए पुआल प्रयोग करना हो तो इसे कई इंच गहराई (5-7 इंच) में दोनों कतारों के बीच तथा कतारों में बिछाएं। लगभग 5.0 से 7.5 से.मी. गहरी पलवार बिछाने के लिए लगभग 8-10 टन धान का पुआल प्रति हैक्टेयर की आवश्यकता होती है। साधारणत: हल्की मृदा की अपेक्षा भारी मृदा में थोड़ी ज्यादा भारी (गहरी) पलवार की आवश्यकता होती है। बहुत हल्की पलवार के प्रयोग से फलों की तुड़ाई का समय कम हो सकता है। जहां जाड़ा हल्का होता है, परिणामस्वरूप वहां फल छोटे व पौधों की जड़े कमजोर होती हैं। एक हैक्टेयर क्षेत्रफल हेतु लगभग 5-7 टन भूसा पलवार के लिए एक पर्याप्त मात्रा है। यह इस तरह प्रयोग करनी चाहिए जिससे पलवार से पौधे दिखाई दें। हल्की ठंड में अधिक मोटाई की पलवार के परिणाम से पौधों में घुटन प्रभाव हो सकता है। ठीक इसी प्रकार पलवार की अधिक ढ़कने के परिणामस्वरूप बर्फ बनने की शक्ति प्रवाह पलवार में होता है, जिससे पलवार की तह के नीचे तापमान कम हो जाता है। इससे पलवार से जाड़े की सुरक्षा के उद्देश्य की पूर्ति नहीं होगी। पलवार को तेज हवाओं से उड़ने का ड़र रहता है इसके लिए कतार के नीचे पलवार करके लंबे लटठों को पलवार के ऊपर लगा सकते हैं। प्लास्टिक की पलवार को फैलाकर उनके अंतिम सिरों को मृदा में अंदर दबा दें।

पलवार का हटाना

पाला पड़ने की संभावना खत्म हो जाए तो जाड़ों में लगाई गई पलवार को बसंत ऋतु आते ही हटा दें। यदि पलवार बहुत जल्दी हटा दी जाए तो पौधों पर फूल जल्दी आना प्रारंभ हो सकते हैं जो जल्दी ही पाले से नष्ट भी हो सकते हैं। ठीक इसी प्रकार ज्यादा देर से पलवार हटाने पर फलों का आकार छोटा हो जाता है तथा पत्तों के अनेकों रोगों को बढ़ावा मिलता है। चाहे पलवार की तह पतली ही क्यों न हो, पहले इसे धीरे से निकालना चाहिए ताकि पौधों को हानि न पहुंचे। यदि पलवार काफी मात्रा में हो तो पहले इसे कतारों से फ्राक (कांटा) की सहायता से फलों की तुड़ाई तक दो कतारों के बीच की जगह में खिसका दें। प्रवर्धन कतारों से फलत हेतु रखे पौधों की अपेक्षा पलवार जल्दी हटाना चाहिए। जहां देर से फल पकते हों वहां सामान्य की अपेक्षा पलवार को पौधों में कुछ देर तक अवश्य रखें। इस प्लान से पलवार उठाने से पहले पत्तियों में पीलापन आ जाता है। हांलाकि यह ठीक प्रक्रिया नहीं है यद्यपि इससे फलत मौसम कुछ कम हो जाता है। भारत में, पलवार सामान (धान, गेहूं के पुआल आदि) को फल तुड़ाई तक नहीं हटाया जाता है। इसे खेत में ही सड़ने दिया जाता है जिससे कार्बनिक खाद मिलती है। प्लास्टिक पलवार का प्रयोग ठंडे इलाकों में सफल पाया गया है परन्तु उसे प्रत्येक वर्ष हटाना होता है। विकसित देशों में पलवार हटाने के लिए उपकरणों का प्रयोग किया जाता है।

पलवार (मल्चिंग) के प्रभाव

विभिन्न प्रकार के फलों में पलवार का सबसे सफल उपयोग व प्रभाव स्ट्राबेरी में ही पाया गया है, क्योंकि स्ट्राबेरी में पलवार का पौधों की वृद्धि, फलों की गुणवत्ता, तुड़ाई के समय में वृद्धि तथा पैदावार (फलत) को बढ़ाने में आश्चर्यजनक प्रभाव पाया गया है। यह सब पलवार द्वारा मृदा में बेहतर नमी के संरक्षण, मृदा तापमान में संतुलन, पोषक तत्वों की उपलब्धता में सुधार, खरपतवारों की वृद्धि व संख्या में कमी, सर्दियों में पाले से सुरक्षा, फलों का धूल व गंदगी से बचाव तथा फलों पर रोगों प्रभाव

को कम करने के कारण होता है। अतः आदर्श पलवार का सही समय पर उपयोग कर किसान स्ट्राबेरी से अधिकतम आर्थिक लाभ कमा सकते हैं। यही कारण है कि स्ट्राबेरी में पलवार एक बहुत ही लाभदायक कृषि क्रिया मानी गई है। पलवार के प्रमुख प्रभावों का संक्षिप्त ब्यौरा निम्नलिखित है-

1. मृदा के तापमान का रूपांतरण

वैज्ञानिकों का मानना है कि मृदा तापमान के संतुलन में पलवार बहुत ही महत्त्वपूर्ण भूमिका निभाने का कार्य करती है। प्रयोगों से यह सिद्ध हो चुका है कि स्ट्राबेरी में मात्र मृदा तापमान के संतुलन से ही फलत में लगभग 70 प्रतिशत या इससे भी अधिक वृद्धि हो सकती है क्योंकि जाड़ों में तापमान कम हो जाता है और यदि इस समय किसी आदर्श पलवार का प्रयोग किया जाए तो यह सोने पर सुहागे का काम करती है। यह पता लगाया जा चुका है कि पलवार के रूप में प्रयोग होने वाली सामग्री के आधार पर मृदा का तापमान 1 से 3 डिग्री सेंटीग्रेड तक बढ़ सकता है। अर्द्धपारदर्शी पॉलिथीन की चादर तथा धान व गेहूं की पुआल की पलवार की तुलना में रंगीन प्लास्टिक चादर की चादर से मृदा का अधिक तापमान बढ़ता है। प्रयोगों से यह भी पाया गया है कि पलवार रहित खेत की अपेक्षा काली पॉलिथीन पलवार द्वारा मृदा का तापमान 3 से 5 डिग्री सेंटीग्रेड तक बढ़ जाता है।

सफेद प्लास्टिक की पलवार से भी तापमान बढता हैं, किन्तु काली पॉलिथीन की अपेक्षा कम बढ़ता है। पलवार द्वारा मृदा के तापमान में सर्दियों में अच्छी बढ़ोत्तरी हेतु अनुकूल वातावरण बनाती है जो स्ट्राबेरी के पौधों की वृद्धि, विकास तथा उनके अच्छा फूलने व फलने में सहायता करती है जिसके परिणामस्वरूप फलों की संख्या व उनकी गुणवत्ता में भी अच्छी बढ़ोत्तरी होती है।

2. पौध वृद्धि व विकास

यदि पौधे स्वस्थ हों तो उनसे अधिक पैदावार की आशा की जा सकती है। पलवार की सहायता से स्ट्राबेरी के पौधों में ठीक-ठाक वृद्धि

तथा विकास होता है। यह मुख्यतः मृदा तापमान सन्तुलन, पोषक तत्वों की उपलब्धता में सुधार तथा मृदा में उचित नमी संरक्षण के कारण होता है जिससे पौधों की जड़ों की सही वृद्धि तथा विकास के लिए अच्छा वातावरण मिलता है।

3. भूस्तारी उत्पादन

सामान्य रूप से स्ट्राबेरी के पौधों द्वारा भूस्तारी उत्पादन विभिन्न प्रकार की पलवार द्वारा तरह-2 से प्रभावित होता है। पलवार के प्रयोग से भूस्तारी उत्पादन में वृद्धि इसलिए अधिक होती है क्योंकि पौधों को भूस्तारी उत्पादन हेतु उचित वातावरण मिलता है। सामान्यतः सफेद प्लास्टिक की तुलना में रंगीन पलवार से अधिक भूस्तारी उत्पादन होता है।

4. नमी संरक्षण

पलवार नमी के अच्छे संरक्षण के लिए अच्छा साधन है। पलवार के प्रयोग से वाष्पोत्सर्जन व वाष्पन की दर कम हो जाती है। इसलिए यदि समय से किसी अच्छी पलवार का प्रयोग किया जाए तो पानी की मात्रा तथा सिंचाई की बारम्बारता में कमी होती है। सभी प्रकार की पलवार के प्रयोग से मृदा में पानी के सरंक्षण के कारण सिंचाई की बारम्बारता घटती है।

5. पोषक तत्वों का अवशोषण

पलवार से खरपतवारों की संख्या व वृद्धि में कमी होती है, जिससे स्ट्राबेरी के पौधों को अधिक पोषक तत्वों की उपलब्धता होती है। इसके अतिरिक्त पलवार के प्रयोग से जड़ों की अच्छी वृद्धि होती है तथा नमी संरक्षण भी अच्छा होता है जिसके कारण पोषक तत्वों के उदग्रहण में सुधार होता है। इसके परिणामस्वरूप पौधों की अच्छी वृद्धि होती है, जिससे फलत व फलों की गुणवत्ता में अनुकूल सुधार होता है।

6. खरपतवार संख्या तथा उनकी वृद्धि

स्ट्राबेरी में पलवार के प्रयोग से खरपतवारों की जनसंख्या तथा उनकी वृद्धि पर नियंत्रण होता है। हालांकि धान व गेहूं के पुआल में कुछ

खरपतवार उग सकते हैं। परन्तु ऐसी दशा में खरपतवारों की बहुत कम वृद्धि होती है तथा वे दुबले-पतले रह जाते हैं। पॉलिथीन की पलवार के प्रयोग से खरपतवारों की वृद्धि पूरी तरह रूक जाती है। विभिन्न प्रकार की पॉलिथीन में भी काली पॉलीथिन पलवार का प्रयोग बहुत ही किफायती रहता है क्योंकि इससे खरपतवारों की वृद्धि तथा इनकी संख्या बहुत ज्यादा कम हो जाती है, जिससे मजदूरों द्वारा निराई-गुड़ाई एवं खरपतवारों के निकालने हेतु उनकी आवश्यकता कम पड़ती है।

7. पुष्पन तथा फलन

पलवार से स्ट्राबेरी में पुष्पन तथा फलन जल्दी हो जाते हैं, किन्तु इसका प्रभाव, पलवार के प्रकार, जाति एवं पलवार प्रयोग के समय पर निर्भर करता है। पारदर्शी पॉलिथीन पलवार के जाड़ों में प्रयोग से पौधों में एक सप्ताह या इससे पहले भी अग्रिम पुष्पन हो सकता है। प्रयोगों से यह पाया गया है कि पुआल पलवार से प्राथमिक, द्वितीयक व त्रितीयक फलों में बढ़ोत्तरी के साथ-साथ पुष्पन 10-15 दिन पहले हो सकता है। पलवार के प्रयोग से स्ट्राबेरी में अगेती पुष्पन तथा फलन इसलिए हो जाते हैं क्योंकि पलवार पुष्प कलिका को पाले से होने वाले नुकसान से बचाने एवं मृदा तापमान के बढ़ाने में सहायता करती हैं जो पुष्पन व फलन हेतु अनुकूल दशाएं होती हैं। पलवार रहित पौधों को ये दशाएं तब मिलती है जब बसंत का मौसम शुरू होता है।

8. फलत तथा गुणवत्ता

पलवार से फलों की गुणवत्ता व पैदावार बढ़ती हैं। जाड़ों के रोपण में बिना पलवार की तुलना में पारदर्शी प्लास्टिक पलवार से 70 प्रतिशत तक या इससे अधिक पैदावार प्राप्त की जा सकती है। पलवार के प्रयोग से मृदा तापमान में वृद्धि से पौधों में बहुत अच्छी वृद्धि होती है। हालांकि गर्मी के रोपण में प्लास्टिक पलवार से जाड़े की रोपण जितना अधिक उत्पादन नहीं मिलता, किन्तु यह भी उत्पादन हेतु अनुकूल दशाएं प्रदान करने के साथ फल आकार, उनकी गुणवत्ता तथा पैदावार में बढ़ोत्तरी

करती है। विभिन्न प्रयोगों से पता चला है कि पलवार के प्रयोग से स्ट्राबेरी के उत्पादन में 50 प्रतिशत तक की बढ़ोत्तरी हो सकती है। पलवार के प्रयोग से मात्र फलों की पैदावार ही नहीं बढ़ती बल्कि उनकी गुणवत्ता के साथ रंग में भी स्थिरता आती है।

9. रोगों का आक्रमण

फल सड़न, स्ट्राबेरी का एक बहुत ही भयानक रोग है। सामान्य रूप में यह रोग तब लगता है जब फल मृदा के सम्पर्क में आते हैं। पलवार के प्रयोग से फल मृदा के सीधे सम्पर्क् से बच जाते हैं जिससे, फलों का गंदा होना कम हो जाता है तथा उनमें फल सड़न रोग का भय भी कम हो जाता है।

13. खरपतवार प्रबंधन

खरपतवार अवांछनीय एवं हानिप्रद पौधे होते हैं, जो मुख्य फसल के साथ स्थान, नमी, पोषक तत्व तथा सूर्य ऊर्जा के लिए स्पर्धा कर फसल पैदावार को कम करते हैं। इसके अतिरिक्त खरपतवार कई कृषि क्रियाओं जैसे कटाई में अवरोध तथा अनेकों रोगों व कीट-पतंगों के लिए परपोषी का कार्य भी करते हैं। अतः उनका समय से प्रबंधन विशेष महत्वपूर्ण होता है एवं लाभदायक भी रहता है।

स्ट्राबेरी में अनेकों प्रकार के खरपतवार पाए जाते हैं। परन्तु, साहित्य में इनके बारे में बहुत कम जानकारी उपलब्ध है, चूंकि इसका व्यावसायिक उत्पादन भारत में अभी हाल ही में शुरू हुआ है। लेकिन उपलब्ध जानकारी के अनुसार स्ट्राबेरी के खेत में प्रायः *पोर्टुलाका ओलरेशिया*, जंगली चौलाई (*अमरेन्थस डेक्टायलोन*), *रेनुनकुलस अरवेंसिस*, *एबुटिलोन*, *ट्राइफोलियम* एवं मूंज (*साइप्रस रोटण्डस*), कांग्रेस घास, दूब घास आदि खरपतवार पाए जाते हैं। जर्मनी में, *माट्रीकेरिया चमोमिल्ला* तथा *केप्सिला बुरसापेस्टोरिन* आदि मुख्य खरपतवार स्ट्राबेरी के खेतों में पाए जाते हैं। आइरिस रिपब्लिक में, *रेनूनकुलस रेपेन्स* तथा *ट्राइफोलियम* मुख्य खरपतवार होते हैं। नीदरलैंड में, *रोरिप्पा सिलवेस्ट्रिस* स्ट्राबेरी के खेत में सबसे नुकसानदायक खरपतवार होता है। ठीक इसी प्रकार, ग्रीस में स्ट्राबेरी के खेतों में सामान्यतः *चीनोपोडियम एल्बम*, जंगली चौलाई तथा मूंज खरपतवार पाए जाते हैं। संयुक्त राज्य अमेरिका तथा कनाड़ा में स्ट्राबेरी के खेतों में घास कुल के खरपतवार जैसे *विओला अरवेंसिस* तथा *इल्यूनुस रेपेन्स* मुख्य नुकसानदायक खरपतवार पाए जाते हैं। स्ट्राबेरी के खेत में कुछ सामान्य घासें जैसे क्रेब घास (*इरागरोस्टिस डिजिएसिंस*), फॉक्सटेल घास (*सिटेरिया स्पीसिज*) तथा *पेनीकम डायकोनिफ्लोरम* पाए जाते हैं।

स्वस्थ एवं अच्छी फसल के लिए निराई-गुड़ाई या अन्य आंतरिक कृषक क्रियाओं द्वारा खरपतवार नियंत्रण करना अति आवश्यक

होता है। बचाव, उन्मूलन तथा नियंत्रण द्वारा खरपतवारों से होने वाले नुकसान को कम किया जा सकता है।

(अ) खरपतवारों से बचाव

खेत की ठीक-ठाक सफाई से खेतों में खरपतवारों के प्रवेश से बच सकते हैं। इसके बचाव के लिए स्वच्छ यंत्रों, उपकरणों का प्रयोग तथा पलवार के प्रयोग के समय ध्यान रखें कि उनमें खरपतवारों के बीज न हों। ध्यान रखें कि धान व गेहूं के पुआल या अन्य घासों में ज्यादातर अवांछित खरपतवारों के बीज होते हैं। इसलिए इनकी पलवार की जगह पॉलिथीन की पलवार का प्रयोग करना चाहिए।

(ब) खरपतवार उन्मूलन

किसी भी माध्यम से खरपतवारों को पूरी तरह से नष्ट करने को खरपतवार उन्मूलन कहते हैं। बहुवर्षीय खरपतवारों जैसे दूब (*साइनोडोन डेक्टयलोन*) तथा *साइप्रस रोटन्डस* (मूंज) का उन्मूलन बहुत आवश्यक होता है। इनका उन्मूलन तभी संभव है जब इन्हें किसी औजार द्वारा जड़ों सहित खोदा जाए और बाद में जला दिया जाए।

(स) खरपतवार नियंत्रण

स्ट्राबेरी एक शाकीय पौधा है जिसकी ऊंचाई बहुत कम होती है। इसी कारण यह अन्य फलदार फसलों की भांति खरपतवारों से नमी, सूर्य ताप, रोशन तथा पोषक तत्वों हेतु प्रतिस्पर्धा नहीं करती हैं। इसलिए स्ट्राबेरी में खरपतवारों का नियंत्रण बहुत ही खर्चीली कृषि क्रिया है। बहुत बार यह देखा गया है कि खरपतवारों का नियंत्रण तथा उनका उन्मूलन आसान व संभव नहीं है। इसलिए इनके नियंत्रण हेतु एक या एक से अधिक साधनों की आवश्यकता होती है। स्ट्राबेरी के खेत में खरपतवारों को विभिन्न विधियों जैसे यांत्रिक तरीकों, फसल चक्र, जैविक साधन तथा रसायनिक नियंत्रण द्वारा रोक सकते हैं। ये विधियां या तो अकेली या अन्य

विधियों को समेकित कर खरपतवार नियंत्रण के लिए इच्छित परिणाम मिल सकते हैं।

(1) यांत्रिक नियंत्रण

खरपतवारों के नियंत्रण के लिए हाथ द्वारा निराई व गुड़ाई बहुत ही प्रभावशाली तरीका है। पौध रोपण से पहले गहरी जुताई अथवा बार-बार जुताई द्वारा भी ज्यादातर खरपतवारों का नियंत्रण कर सकते हैं। पहले वर्ष या अगले वर्ष फलों की तुड़ाई से पहले कई बार हाथ द्वारा खरपतवारों का निकालना जरूरी होता है। गर्मियों में, खासकर जब फूलों में कलियां बन रही हों, तब खेत को खरपतवारों से मुक्त रखना अति आवश्यक है। जब पौधों में फलों का विकास हो रहा हो, तब खरपतवारों को हाथ से निकालकर फलों के नीचे छोड़ दें, ताकि ये खेत में पलवार का काम कर सकें। इसके अतिरिक्त ऐसा करने से फल सीधे जमीन के सम्पर्क से बचते हैं, जिसके परिणामस्वरूप फल सड़न रोग का संक्रमण कम होता है। विकसित देशों में खरपतवार नियंत्रण हेतु रोपण के बाद फसल में कुछ विशेष प्रकार के यंत्रों या उपकरणों जैसे कुदाल, ब्लैड आदि का प्रयोग किया जाता है। पलवार के प्रयोग से खरपतवारों की वृद्धि एवं उनका फैलाव रूक जाता है। धान के पुआल की तुलना में पॉलीथीन सीट (काली या सफेद) खरपतवारों के नियंत्रण हेतु अधिक प्रभावशाली पाई गई है। उत्तरी भारत में प्लास्टिक के क्लोच का प्रयोग किया जाता है जो खरपतवार नियंत्रण हेतु भी प्रभावशाली पाया गया है।

फसल चक्र

सही फसल चक्र भी खरपतवार नियंत्रण का एक प्रभावशाली उपाय है। जहां पर स्ट्राबेरी का रोपण एक आदर्श फसल चक्र में किया जाता है, वहां खेत में बहुत कम खरपतवार उगते हैं। सामान्यतः नई फसल, पुरानी फसल के खरपतवारों से सफलतापूर्वक प्रतिस्पर्धा करती है। स्ट्राबेरी में तीन फसल चक्र जैसे धान तथा स्ट्राबेरी, मक्का तथा स्ट्राबेरी व

अंगूर तथा स्ट्राबेरी आदि खरपतवार नियंत्रण हेतु व आर्थिक दृष्टि से अधिक लाभदायक पाए गए हैं।

जैविक नियंत्रण

आधुनिक शस्य तकनीकों के मानकीकरण जैसे जैविक अभिकर्ताओं (कीट-पतंगे, कवक तथा पक्षी) के प्रयोग से भी खरपतवारों के नियंत्रण के लिए कारगर उपाए हैं। खरपतवारों के नियंत्रण के लिए बहुत बड़े स्तर पर खरपतवारनाशियों का प्रयोग हो रहा है, किन्तु कुछ खरपतवारों के प्रति सहनशीलता तथा मृदा अवशेष प्रभाव के कारण कई तरह की समस्याऐं आ रही हैं। इसलिए अब खरपतवारों के नियंत्रण के लिए जैव खरपतवारनाशी, पादप रोग जीव (कवक), कीटों तथा पक्षियों द्वारा नियंत्रण दिनों-दिन लोकप्रिय हो रहा है।

पक्षियों में कलहंस खरपतवार नियंत्रण के लिए सबसे प्रभावशाली पाया गया है। यह फलों को बिना नुकसान पहुंचाए घास कुल के खरपतवारों को खाता है। ये पक्षी नई लगाई गई फसल में खासकर प्रभावी हैं क्योंकि छोटे-2 पौधों में वे (पक्षी) आसानी से घूम-फिर सकते हैं, जबकि आदमी व मशीन नहीं। शुरू-शुरू में कलहंस चौड़ी पत्ती वाले खरपतवारों को नहीं खाता किन्तु इन्हें इसके लिए प्रशिक्षित किया जा सकता है। प्रौढ़ की अपेक्षा युवा कलहंस ज्यादा कारगर प्रभावी होते हैं। ये पक्षी ज्यादातर सुबह के समय, देर शाम या चन्द्रमा की रोशनी में रात्रि के समय खरपतवारों को खाते हैं। कभी-कभी ये स्ट्राबेरी के खेत में गर्मी में भी घूमते हैं, चूंकि कलहंस खरपतवारों की नई वृद्धि को खाना ज्यादा पसन्द करते हैं। लेकिन हमारी सलाह है कि पक्षियों को फल शुरू होने से लेकर फल तोड़ने तक खेतों से हटा दें तथा तुड़ाई पूरी होने के बाद उन्हें पुनः खेत में वापिस लाया जाए। एक एकड़ के खेत से चौड़ी पत्ती वाले व घास कुल के खरपतवारों के नियंत्रण के लिए साधारणतः 4 से 5 कलहंस पर्याप्त होते हैं, किन्तु नम मौसम में 6-8 कलहंस प्रति एकड़ के

हिसाब से आवश्यक होते हैं क्योंकि नम मौसम में कलहंस अधिक सक्रिय नहीं होते हैं।

यदि खेत में खरपतवारों के नियंत्रण के लिए हंसों का उपयोग किया जा रहा है, तो खरपतवारनाशी या कीटनाशी का प्रयोग नहीं करना चाहिए। कुछ कवक (फफूंदी) जैसे *कोलेटोट्राइकम, आलटरनेरिया* तथा *सरकोस्पोरा* से भी कुछ खरपतवारों में रोगों के कारण संक्रमण तथा क्षति होती है। कुछ कीट-पतंगे, खासकर भृंग (बीटल) भी खरपतवारों की पत्तियों को खाकर उन्हें खत्म करते हैं। स्ट्राबेरी के खेत में खरपतवारों के नियंत्रण के लिए कुछ जैविक अभिकर्ताओं को सारणी 5 में दिया गया है।

सारणी 5. जैविक कारकों द्वारा स्ट्राबेरी में खरपतवार नियंत्रण

जैविक कारक	नियंत्रित खरपतवार
1. कीट	
भृंग (*ज्यगोग्रामा बायोकोलोराटा*)	गाजर घास (*पारथेनियम प्रजाति*)
2. फफूंदी	
(अ) *कोलेटोट्राइकम मालवेरम* (यह खरपतवारों में एन्थ्रेकनोज रोग पैदा करके उन्हें नष्ट करती है)	*सीडा स्पीनोसा*
(ब) *कोलेटोट्राइकम कोकोआईडिस*	*एबूलिटोन थियोफ्रास्टी*
(स) *आल्टरनेरिया केसिआई* (यह खरपतवारों में ब्लाइट रोग पैदा कर उन्हें रोकती है)	*कासिया ओबटूसिफोलिया*
(द) *सरकोस्पोरा रोडमानी* (यह खरपतवारों में पत्ती धब्बा रोग पैदा कर उन्हें रोकती है)	*आईकोर्मिया क्रासीपेस*
3. पक्षी	
बत्तख, हंस	मुख्यतः घास वाले खरपतवार

रासायनिक नियंत्रण

सामान्यतः यांत्रिक माध्यमों से खरपतवारों का सम्पूर्ण नियंत्रण संभव नहीं होता है क्योंकि इसमें बहुत मजदूरों की आवश्यकता होती है एवं यह एक कठिन कार्य भी है। किन्तु रासायनिक नियंत्रण व यांत्रिक तरीकों को इकट्ठा प्रयोग में लाया जाए तो यह खरपतवार नियंत्रण में अधिकाधिक प्रभावशाली होता है। रसायनों के प्रयोग से मानव मजदूरी में कमी के साथ खरपतवारों का नियंत्रण भी आसान होता है। स्ट्राबेरी के खेत में खरपतवारों के नियंत्रण के लिए खरपतवारनाशी मुख्यतः तीन चरणों में प्रयोग होते हैं। ये हैं, रोपण से पहले बहुवर्षीय खरपतवारों का नियंत्रण, एक वर्षीय खरपतवारों का रोपण के समय या प्रौढ़ावस्था में खरपतवार के पौधों का नियंत्रण तथा एक वर्षीय खरपतवारों का फसल में स्थापित होने के बाद नियंत्रण।

खरपतवारों के नियंत्रण हेतु खरपतवारनाशियों को या तो जमीन (मिट्टी) में ड़ाला जाता है या फिर उनका पर्णीय (पत्तियों) छिड़काव किया जाता है जिसका विवरण इस प्रकार है-

(अ) पर्णीय छिड़काव

खेत में खरपतवारों को उनके उगने के बाद बढ़वार के समय पर्णीय छिड़काव द्वारा नियंत्रित किया जाता है। खरपतवारनाशी अपने संपर्क प्रभाव या खरपतवारों के विभिन्न भागों में पहुंचकर (अदल-बदलकर) उनको मारता है। खरपतवार की पौध अवस्था में संपर्क अभिक्रिया (contact action) खरपतवारनाशी ज्यादा फायदेमंद है, जबकि अदल-बदल अभिक्रिया (translocted action) वाले खरपतवारनाशी बहुवर्षीय खरपतवारों के साथ-साथ एक वर्षीय खरपतवारों के सभी भागों को भी मारता है।

(ब) मृदा में उपयोग

इस विधि में खरपतवारनाशियों का उपयोग खरपतवारों के उगने से पहले व स्ट्राबेरी के रोपण से पहले किया जाता है। यें खरपतवारनाशी

मृदा की सतह में मिलाए जा सकते हैं अथवा इन्हें मृदा में मिलाकर इनका धूमन करते हैं या किसी भी साधन (उपकरण) के माध्यम से मृदा में पहुंचाया जाता है।

खरपतवारनाशी संस्तुति

क्योंकि स्ट्राबेरी खरपतवारों की तरह एक शाकीय फल फसल है, इसलिए खरपतवारनाशी के प्रयोग के समय विशेष सावधानी की आवश्यकता होती है। हमें केवल उपयुक्त संस्तुत मात्रा में ही खरपतवारनाशी का प्रयोग करना चाहिए क्योंकि कुछ खरपतवारनाशियों के कारण विषैले प्रभाव, जैसे पत्तियों में धब्बे, शिराओं में हरिमहीनता तथा पत्तियों के ऊतकों में क्षय आदि हो सकते हैं। खरपतवारनाशियों की संस्तुति हर स्थान पर एक जैसी नहीं हो सकती क्योंकि खरपतवारनाशी का प्रभाव रसायन, मृदा प्रकार, जलवायु ही दशाओं, खरपतवार के प्रकार, रसायन के प्रयोग के समय इत्यादि के कारण भी प्रभावित होता है। अतः इनकी संस्तुति स्थान विशेष में बदल भी सकती है।

सामान्यतः स्ट्राबेरी की क्यारियों में नई फसल में उगने वाले एक वर्षीय चौड़ी पत्ती वाले खरपतवारों के नियंत्रण के लिए दो सप्ताह के अंदर खरपतवारनाशी डालना चाहिए। विभिन्न देशों में स्ट्राबेरी के खेतों में खरपतवारों के नियंत्रण के लिए विभिन्न खरपतवारनाशियों की संस्तुति की गई है। सामान्यतः एलाक्लोर (2.0 कि.ग्रा./हैक्टेयर), वेनजार (1.5 – 2.0 कि.ग्रा./हैक्टेयर) अथवा ग्रेमोक्सोन (3.0 लीटर/हैक्टेयर) या ट्रेफलान (1.5 कि.ग्रा./हैक्टेयर) खरपतवारनाशी नियंत्रण के लिए रोपण से पूर्व प्रयोग कर सकते हैं। स्ट्राबेरी में चौड़ी पत्ती वाले तथा एक वर्षीय घास कुल के उगने वाले खरपतवारों का नियंत्रण नेप्रोपामाइड (2.5 किग्रा./हैक्टेयर) से अच्छा होता है। पतझड़ में चौड़ी पत्ती वाले खरपतवारों के नियंत्रण के लिए सिमेजिन (5 कि.ग्रा./हैक्टेयर) बहुत प्रभावशाली पाया गया है। स्ट्राबेरी के ज्यादातर एक वर्षीय खरपतवारों का नियंत्रण स्टाम्प (3 कि.ग्रा. /हैक्टेयर) से भी हो सकता है। उगने के बाद एक वर्षीय चौड़ी पत्तियों

वाले खरपतवारों के नियंत्रण के लिए क्लोरोक्सोरोन (2 कि.ग्रा./हैक्टेयर) बहुत ही जाना-पहचाना खरपतवारनाशी है। प्रयोगों से यह पाया गया है कि स्ट्राबेरी में चौड़ी पत्ती वाले लगभग 90 प्रतिशत खरपतवारों का नियंत्रण अकेले क्लोरोक्सोरोन से ही हो सकता है। इसके अतिरिक्त पौध रोपण से पहले मिथाइल ब्रोमाइड तथा अन्य धूमक से धूमन करने से खरपतवारों तथा सूत्रकृमि के नियंत्रण के लिए बराबर प्रभावशाली होता है। केलिफोर्निया में मिथाइल ब्रोमाइड तथा क्लोरोपिकरीन मिश्रण से पॉलिथीन पलवार के अंदर मृदा धूमन खरपतवार नियंत्रण, सूत्रकृमि नियंत्रण तथा मृदाजनित रोगों के नियंत्रण के लिए एक सामान्य कृषि क्रिया है। सामान्यतः स्ट्राबेरी में पूर्णतः खरपतवार नियंत्रण के लिए खरपतवारनाशियों की सूची सारणी 6 में दी गई है।

सारणी 6. स्ट्राबेरी में खरपतवार नियंत्रण के लिए कुछ संस्तुत खरपतवारनाशी

रोपण का तरीका	प्रयोग का समय	खरपतवारनाशी	दर (सक्रिय तत्व/है./800–1000 ली. पानी)	टिप्पणी
1. रोपण	रोपण के एक या दो दिन पहले	पैराक्योट तथा डाइक्योट	1–2 कि.ग्रा.	यदि उगने वाले खरपतवारों को नष्ट करना है तभी इन खरपतवारनाशियों का प्रयोग करें।
	रोपण के कुछ समय बाद	लिनासिल या क्लोरोक्सोरोन या सिमेजिन	4–5 कि.ग्रा. 0.5–0.7 कि.ग्रा. 0.5–0.7 कि.ग्रा.	यदि भूमि की दशा मालूम हो तो केवल सिमेजिन का ही प्रयोग करें।
	अक्टूबर के अन्त से दिसम्बर के शुरू तक	सिमेजिन या लिनासिल	0.5–7.0 कि.ग्रा. 2.0 कि.ग्रा.	यदि रोपाई अगस्त या सितम्बर में आरम्भ की गई हो तो इन खरपतवार नाशियों का प्रयोग करें।
	मार्च-अप्रैल (फूल खिलने से पहले)	क्लोरोक्यूरोन या लिनासिल	4.0–5.0 कि.ग्रा. 2.0 कि.ग्रा	यदि सिमेजिन से खरपतवारों की वृद्धि रूक गई हो तो इन खरपतवारनाशियों का प्रयोग नहीं करना चाहिए।

2. **स्थापित पौधे**	अगस्त–सितम्बर	सिमेजिन	0.7 कि.ग्रा.	यांत्रिक नियंत्रण के बाद ही इस खरपतवारनाशी का प्रयोग करें।
	नवम्बर–दिसम्बर	सिमेजिन या लिनासिल	0.7 कि.ग्रा. 2.0 कि.ग्रा	खरपतवारों के उगने से पहले इन खरपतवार-नाशियों का प्रयोग करें।
	मार्च–अप्रैल (फूल खिलने से पहले)	सिमेजिन या लिनासिल	0.7 कि.ग्रा. 2.0 कि.ग्रा	यदि जाड़ों में खरपतवार नष्ट हो गये हों तो इन खरपतवारनाशियों का प्रयोग कभी ना करें।
3. **भूस्तारी वाली क्यारियों में**	जून के अन्त में जुलाई तक	सिमेजिन या लिनासिल	0.5–0.7 कि.ग्रा. 2.0 कि.ग्रा.	इन खरपतवारनाशियों का प्रयोग तभी करें जब भूस्तारी बनना शुरू हो जाएं।

14. संरक्षित तथा मृदा रहित उत्पादन

संरक्षित उत्पादन

अभी हाल के कुछ वर्षों में स्ट्राबेरी के संरक्षित उत्पादन पर बहुत जोर दिया गया है। वास्तव में बेमौसमी स्ट्राबेरी को उगाने हेतु ही संरक्षित उत्पादन की तकनीक निकाली गई है। संरक्षित उत्पादन में प्लास्टिक ग्रीन हाऊस का बनाना सबसे आवश्यक होता है। प्रतिकूल मौसम की दशाओं में प्लास्टिक ग्रीन हाऊस द्वारा स्ट्राबेरी का फलोत्पादन किया जाता है। अब कई देशों में स्ट्राबेरी का संरक्षित उत्पादन बहुत ही लोकप्रिय हो रहा है। यही कारण है कि विश्व के प्रमुख स्ट्राबेरी प्रजनक अपने अनुसंधान कार्यक्रमों में छोटे दिवस वाली किस्मों पर जोर दे रहे हैं जो ग्रीन हाऊस उत्पादन के अनुरूप होती हैं। ठीक इसी प्रकार जलीय उत्पादन प्रणाली (मृदा विहीन उत्पादन) से स्ट्राबेरी का ग्रीन हाऊस में उत्पादन कुछ अग्रणी देशों में बहुत ही लोकप्रिय हो रहा है। संरक्षित तकनीक से स्ट्राबेरी फलोत्पादन बहुत ही साधारण व आसान तरीके से संचालित होता है। संरक्षित उत्पादन में या तो प्लास्टिक ग्रीन हाऊस या पॉलीथीन (प्लास्टिक) की टनल्स (सुरंगों) या कतारों के ऊपर तारों का अर्द्धचन्द्राकार फ्रेम बनाकर उसके ऊपर प्लास्टिक फिल्म (परत) चढ़ाकर या खुले मृदातल सुरंग में वर्ष के दौरान किसी भी समय में स्ट्राबेरी को उगाया जा सकता है। सामान्यतः बौनी किस्मों को संरक्षित दशाओं में अच्छी तरह उगा सकते हैं। जैसा कि पहले बताया जा चुका है कि हर किस्म संरक्षित उत्पादन के लिए ठीक नहीं रहती है। संसार भर में किए गए शोध कार्यों से पता चलता है कि संरक्षित उत्पादन के लिए एलसांटा, रोजेला, गोरेला, ब्रिजटॉन, फर्न, सेल्वा, लासेन, सेनक्सु, डॉगलास तथा चांदलर आदि किस्मों को आसानी से उगाया जा सकता है। संरक्षित उत्पादन हेतु किसान को तकनीकी ज्ञान की आवश्यकता होती है। अतः ग्रीन हाऊस के अंदर कार्बन डाईऑक्साईड की अतिरिक्त मात्रा (750 पी.पी.एम.), प्रकाश की निश्चित मात्रा के आवश्यकता तथा पोषक तत्वों की नियन्त्रित मात्रा पर अधिक ध्यान देना होता है। संरक्षित उत्पादन का एक बड़ा लाभ यह है कि इसमें जाड़ों के

समय में तापमान बढ़ जाता है जिससे स्ट्राबेरी के पौधे जाड़ों के समय पाले के खतरे से बच जाते हैं। इसके अतिरिक्त पौधों को बढ़वार हेतु अन्य सभी अनुकूल दशाएं प्रदान हो जाती हैं जिस कारण उनकी सही वृद्धि व विकास में सहायता मिलती है। उनमें पुष्पन व फलन भी जल्दी आ जाता है। ग्रीन हाऊस में स्ट्राबेरी को उगाने हेतु मिट्टी ही प्रमुख माध्यम है, किन्तु अब यह अन्य तकनीकों की तरह तेजी से बदल रहा है। अब वैज्ञानिक रॉकवूल, पीटवाल्स तथा स्पून तंतु आदि के उपयोग की सलाह देते हैं। संरक्षित वातावरण में स्ट्राबेरी उगाने के कई लाभदायक प्रभाव हैं, जिनका संक्षिप्त विवरण निम्नलिखित है-

1. पौधों की वृद्धि तथा विकास

ग्रीन हाऊस में पौधों को उगाने से, प्लास्टिक टनल्स (सुरंगे), क्लोच तथा पंक्तियों को ढ़ककर उगाने पर उनकी अच्छी वृद्धि होती है तथा पत्तियां भी रसीली होती हैं। ढ़के हुए पौधे, बिना ढ़के पौधों की अपेक्षा सामान्य रूप से, प्रकाश संश्लेषण के लिए अधिक सक्रिय होते हैं तथा वे जल्दी बढ़ते हैं। ग्रीन हाऊस में बंसत ऋतु में तापमान में मध्यम बढ़ोतरी होती है तथा पौधों को प्रकाश संश्लेषण क्रिया से भोजन बनाने हेतु धूप भी अधिक मिलती है, जिसके परिणामस्वरूप पौधों का विकास व वृद्धि बिना ढ़के पौधों की अपेक्षा अच्छा होता है।

2. पाले से क्षति

व्यावसायिक स्ट्राबेरी उत्पादन में जाड़े में पाले का पड़ना एक बहुत ही महत्वपूर्ण समस्या है। परन्तु संरक्षित खेती करने से पाले के नुकसान का भय नही रहता है। पाले से सुरक्षा मुख्यतः संरक्षित संरचना में तापमान के बढ़ने से होती है। कभी-कभी प्लास्टिक से ढ़की कतारों तथा 'लो टनल्स' में अत्यधिक तापमान बढ़ जाता है। परन्तु छिद्रित प्लास्टिक टनल्स में तापमान 35 डिग्री सेंटीग्रेड से कभी ज्यादा नहीं जाता। इसके अतिरिक्त कम छिद्रक वाले प्लास्टिक टनल्स की तुलना में छिद्रक वाले

टनल्स में वायु का अच्छा आवागमन होता है। ये सभी स्ट्राबेरी के पौधों की पाले से सुरक्षा करते हैं।

3. मृदाजनित रोगों का संक्रमण

संरक्षित स्ट्राबेरी की खेती में मृदाजनित रोगों का संक्रमण बहुत कम होता है, क्योंकि ऐसी खेती में या तो सूर्यतापन से मृदा को रोगाणुमुक्त कर लिया जाता है या निर्जीवकृत माध्यमों (रॉक वूल, पीट गोली आदि) का उपयोग किया जाता है जिससे मृदाजनित रोगों के संक्रमण से बचने की संभावना अधिकाधिक रहती है।

4. भूस्तारी उत्पादन

यदि जाड़ों में पंक्तियों को तारों के फ्रेम पर प्लास्टिक फिल्म से ढ़का जाता है तो भूस्तारी का उत्पादन बढ़ता है। परन्तु ध्यान रखने वाली बात यह है कि यदि आपका मुख्य उद्देश्य फल पैदा करना हो तो भूस्तारी उत्पादन को रोकना चाहिए।

5. फसल परिपक्वता

ग्रीन हाऊस के अंदर स्ट्राबेरी में फूल व फलों की बढ़ोतरी एक जैसी होती है। शीतोष्ण जलवायु में स्ट्राबेरी के खेतों को प्लास्टिक से ढ़कने पर उनमें 20 से 25 दिन पहले पुष्पन तथा कम से कम 15-20 दिन पहले फल मिल जाते हैं। खुले खेतों में पुष्पन व फलन देरी से होते हैं।

6. फलों की पैदावार

विभिन्न किस्मों को ग्रीन हाऊस के अंदर पंक्तियों को ढ़ककर छिद्रित टनल्स (सुरंगों) तथा क्लोचिज में पैदा करने की तुलना में खुले खेतों की अपेक्षा अधिक पैदावार मिलती है। फलों को संरक्षित ग्रीन हाऊस में उगाने पर पैदावार में बढ़ोतरी इसलिए होती है क्योंकि ऐसी दशाओं में त्रितीयक फूलों में भी फल आ जाते हैं जो फलोत्पादन में वृद्धि करते हैं।

7. फलों की गुणवत्ता

खुले खेत की अपेक्षा संरक्षित संरचना में उगाने पर फलों की गुणवत्ता में आश्चर्यजनक सुधार होता है। संरक्षित संरचना में तैयार हुए फलों का नाप तोल व अच्छा होता है। इसके अतिरिक्त उनमें उच्च घुलनशील ठोस पदार्थ भी अच्छे होते हैं। उनमें अच्छी सुवास होती है, परन्तु अम्लता कम होती है।

जलीय (मृदाविहीन) उत्पादन

आजकल कुछ देशों में स्ट्राबेरी को ग्रीन हाऊस में मृदाविहीन तरीके (जल के प्रयोग) से उगाने पर जोर दिया जा रहा है। मृदाविहीन प्रणाली (hydroponics) में, पौधों का रोपण पोषक तत्वों से भरे चल जल नली में डुबोकर किया जाता है। इस प्रणाली में वैसे तो विभिन्न प्रकार के भोज माध्यमों (सबस्ट्रेस) जैसे परलाइट, पीट, प्युमाइस इत्यादि का प्रयोग किया जाता है परन्तु परलाइट तथा पीट मिश्रण अच्छे परिणाम देते हैं। मृदाविहीन तरीके मुख्यतः वेमौसमी स्ट्राबेरी के आदर्श उत्पादन के लिए सबसे अच्छा तरीका माना गया है। भारत में, संरक्षित तथा मृदाविहीन कृषि प्रणाली स्ट्राबेरी में नहीं अपनाई जा रही है। यह सामान्य रूप से पहाड़ों तथा उत्तरी भारत के मैदानी क्षेत्रों में खुले खेतों में उगाई जाती है। पहाड़ों में पौधे अच्छी मात्रा में भूस्तारी पैदा करते हैं, परन्तु मैदानी भागों में अधिक गर्म दशा के कारण उनका उत्पादन सीमित संख्या में होता हैं। अब, कुछ किसान कम लागत वाले पॉलीथीन के घरों या क्लोचेज में, कम लागत वाले पॉलीथीन घर का निर्माण कर पहाड़ी व मैदानी भागों में फसल लगा रहे हैं। इस तरह वे पौधों को जाड़ों में पाले से होने वाली क्षति से बचाकर, जल्दी फसल प्राप्त करके अच्छी कमाई कर रहे हैं।

15. महत्वपूर्ण कृषि क्रियाऐं

व्यावसायिक एवं लाभदायक स्ट्राबेरी की खेती के लिए कुछ महत्वपूर्ण कृषि क्रियाऐं आवश्यक होती हैं, जिनका संक्षिप्त वर्णन नीचे दिया गया है-

1. पौधों की रोपण पूर्व तैयारी या पूर्वानुकूलन

उच्च अक्ष रेखा तथा ऊंचाई वाले क्षेत्रों में जाड़े में रोपण से पूर्व (अक्टूबर-नवम्बर) के लिए भूस्तारियों का पूर्व अनुकुलन आवश्यक है। पूर्वानुकूलन (pre-conditioning) हेतु पौधों को कम तापमान पर (20 सेंटीग्रेड़) 3-4 घण्टे तक रखा जाना चाहिए। इसके बाद ही उनका रोपण किया जाना चाहिए।

2. कलिका तथा फलों का विरलन

फलों के पर्याप्त ठीक विकास के लिए एक या दो फूल कलिकाऐं प्रति पौधा हटाने की सिफारिश की जाती है। इस क्रिया से फलों की गुणवत्ता तथा पैदावार में सुधार आता है। किन्तु अधिक कलियां हटाने से नुकसान भी हो सकता है, क्योंकि इससे पैदावार कम हो सकती है। ठीक इसी प्रकार, फलों की अधिक विरलन से भी बचना चाहिए। पहाड़ी क्षेत्रों में पौध रोपण के 5-6 महीने बाद प्रति पौधा 2-3 प्ररोहों को निकाल देना चाहिए। अतः प्रत्येक पौधे में 7-8 फल ही रखने से अन्य फलों का नाप व तोल अच्छा होता है।

3. फल तनों का हटाना

नई रोपित भूस्तारी से स्वस्थ पौधे प्राप्त करने के लिए तथा भविष्य में उनसे अच्छी पुष्पन तथा फल प्राप्त करने के लिए गुच्छे में लगे फूलों से एक या दो तने हटा दें। स्वस्थ पौधे गर्मी तथा सूखे के प्रति सहनशील होते हैं जो बाद में ज्यादा भूस्तारी भी पैदा कर सकते हैं। जो

पौधे कमजोर भूस्तारी पैदा करते हैं, उनके कुछ फूल तनों को वृद्धि अवस्था में ही हटाना ज्यादा ठीक रहता है। किन्तु जब पौधे अति समृद्ध (ताकतवर) हो जाएं तब वृद्धि तना केवल एक बार ही निकालना चाहिए। वृद्धि तने को सम्पूर्ण डण्ठल सहित हटाना चाहिए न कि व्यक्तिगत फूल को। फूल विरलन से भूस्तारी का उत्पादन बढ़ता है, परन्तु पैदावार घटती है। इसलिए फलों के उद्देश्य के लिए बसंत ऋतु में फूल विरलन नहीं करनी चाहिए तथा यदि आवश्यकता हो तो केवल त्रितीयक फूलों को ही हटाना चाहिए, प्राथमिक व द्वितीयक फूलों को कदापि नहीं। फूलों को सामान्यतः हाथों द्वारा ही निकालें। हाथों द्वारा फूलों को निकालना मेहनती तथा कठिन कृषि क्रिया है। इसलिए स्ट्राबेरी में विभिन्न तरह के रासायनिक प्रयोग करके भी फूलों को हटाया जा सकता है। प्रयोगों से यह पाया गया है कि जून से जुलाई में 50 पी.पी.एम. जिब्रैलिक अम्ल का एक छिड़काव करने से फूलों में कमी आती है तथा भूस्तारी विकास को बढ़ावा मिलता है जिससे बाजार के लिए अगले वर्ष के लिए भूस्तारियों की संख्या में बढ़ोत्तरी होती है। इसी तरह यदि इथ्रेल (200-300 पी.पी.एम.) का छिड़काव फूल आने से पहले किया जाए तो प्रारंभ में ही फूल कम संख्या में आते हैं।

4. पत्तियों का हटाना

इस प्रक्रिया में पौधों की कुछ पत्रकों (पत्तियों) को हटाया जाता है। यह कार्य सामान्यरूप से फलों की तुड़ाई के बाद करना चाहिए, जिससे अच्छी फलत के लिए पौधों का स्वास्थ्य सुधरता है। परन्तु ध्यान रखें कि इस क्रिया में, पहले वर्ष की फसल से ही पत्तियों को हटाना चाहिए। सामान्य रूप से पुरानी, पीली, क्षतिग्रस्त तथा रोगग्रस्त पत्तियों को हटाना चाहिए व स्वस्थ हरी भरी को नहीं तथा अत्याधिक पत्तियों को (दो तिहाई पत्तियों) हटाने से बचना चाहिए, क्योंकि इससे फलों की गुणवत्ता तथा पैदावार प्रभावित हो सकती है।

5. पौधों का विरलन

अच्छी फलत लेने हेतु रोगी, क्षतिग्रस्त तथा अवांछित पौधों को निकालना जरूरी होता है। विरलन की सहायता से क्यारियों में पौधों की भीड़ कम होती है तथा यह स्थान, शेष पौधों की वृद्धि के लिए मिल जाता है जिससे अगले वर्ष अच्छी फलत मिलती है।

6. भूस्तारियों का हटाना

साधारणतः यह देखा गया है कि स्ट्राबेरी को चटाईदार कतार प्रणाली में उगाने से पौधों में अधिक भूस्तारी पैदा होते हैं, क्योंकि इस प्रणाली में पौधों द्वारा अधिक संख्या में भूस्तारी पैदा करने के लिए पर्याप्त स्थान होता है। इनमें से कुछ भूस्तारियों को जड़ बनने से पहले ही तुरन्तु निकाल दें क्योंकि अधिक संख्या में भूस्तारी बनने से वे सारे स्थान को घेर लेते हैं जिससे पौधों की बढ़वार कम होती है तथा पुष्पन व फलत भी प्रभावित होते हैं। यदि भूस्तारियों में पहले से ही जड़ें बन गई हों तो उन भूस्तारियों को हाथ द्वारा छोटी खुरपी या दरांती से काटकर निकाल दें।

हालांकि हिल रोपण प्रणाली में भूस्तारी उत्पादन कम होता है, किन्तु यदि पौधों में भूस्तारी बने तो उन्हें भी तुरन्त ही हटा देना चाहिए। भूस्तारियों को हटाने से मातृ पौधों की वृद्धि अच्छी होती है, जिससे बाद में उनमें अच्छा पुष्पन होता है, जो पैदावार बढ़ोत्तरी में सहायक सिद्ध होता है।

7. क्यारियों में स्वच्छता

तुड़ाई के बाद, सभी खरपतवारों, मल्चिंग (पलवार) या अन्य सामग्री को खेत से तुरन्तु हटा देना चाहिए, जिससे तुड़ाई के बाद अगली फसल के लिए, सामान्य रूप से मातृ पौधों की पर्याप्त तेज वृद्धि अच्छा, जड़ तंत्र विकसित हो सके तथा पुष्पन शीघ्र शुरू हो जाए। इसलिए अगले मौसम के लिए सभी क्यारियों को अच्छी तरह तुरन्त साफ करना चाहिए।

सफाई में देरी होने से पौधों की वृद्धि, विकास तथा बाद में पुष्पन तथा फलत पर विपरीत प्रभाव पड़ता है।

8. पुरानी फसल का जीर्णोद्धार

शीतोष्ण जलवायु में, खरपतवारों से रहित तथा ओजस्वी स्ट्राबेरी पौध रोपण से लगातार 2-3 वर्ष तक फसल पैदा की जा सकती है। इसलिए प्रथम वर्ष के पौधों का जीर्णोद्धार करना चाहिए, क्योंकि सामान्यत: नए रोपण की अपेक्षा जीर्णोद्धार में कीमत कम लगती है। जीर्णोद्धार हेतु फलों की तुड़ाई के बाद कई महत्वपूर्ण क्रियाऐं जैसे क्यारियों को ठीक करना, पौध विरलन तथा खाद एवं उर्वरकों का मृदा प्रकार, उम्र, किस्म विशेष, क्षेत्र विशेष तथा अन्य कारकों के अनुसार प्रयोग आदि करना होता है।

9. कैलेक्स (ढ़पनी) हटाना

स्ट्राबेरी के फल से कैलेक्स का हटाना 'कैपिंग' कहलाता है। सामान्य रूप से कैलेक्स (calyx) से स्ट्राबेरी की सुंदरता बढ़ती है। यदि इन्हें ताजे फलों के रूप में प्रयोग किया जाए तो फल के साथ कैलेक्स का जुड़ा रहना ग्राहक को अच्छा लगता है। इसलिए फलों की तुड़ाई सदैव कैलेक्स सहित की जाती है। यदि इन्हें संसाधन (प्रसंस्करण) के उद्देश्य के लिए प्रयोग किया जाना हो तो, कैलेक्स (कैप) तथा तना इत्यादि को खेत में ही छोड़ देना चाहिए क्योंकि यह गूदा तैयार करने में बाधा डालते हैं। इसलिए फलों का प्रसंस्करण से पहले उनकी कैलेक्स हटाना आवश्यक होता है। यह कार्य हाथों या मशीनों द्वारा किया जा सकता है।

16. पादप वृद्धि नियामकों का प्रयोग

स्ट्राबेरी में कई कार्यिकियों में सुधार के लिए अब पादप वृद्धि नियामकों (plant growth regulators) का उपयोग सामान्य हो चला है। विभिन्न वृद्धि नियंत्रकों (नियामकों) के स्ट्राबेरी पर अनुकूल प्रभावों के बारे में संक्षिप्त जानकारी निम्नलिखित है:

1. पादप वृद्धि तथा भूस्तारी उत्पादन पर प्रभाव

स्ट्राबेरी को खुले खेतों या संरक्षित संरचना में पादप वृद्धि नियामकों के प्रयोग से पौधों की वृद्धि व भूस्तारी उत्पादन में अनुकूल प्रभाव देखा गया है। विभिन्न वृद्धि नियामकों में जिब्रेलिक अम्ल एक उत्कृष्ठ जैव नियामक है जो विभिन्न किस्मों के पौधों में वृद्धि को बढ़ाता है। वृद्धि नियामकों की मात्रा तथा उपयोग का समय क्षेत्र विशेष तथा उत्पादक (किसान) के उद्देश्य पर निर्भर करता है। सामान्यत: जिब्रेलिक अम्ल (75 पी.पी.एम.) का छिड़काव एक वर्ष पुराने पौधों में वानस्पतिक वृद्धि तथा भूस्तारी उत्पादन को बढ़ाता है। जिब्रेलिक अम्ल के उपयोग से पुष्पन कम होता है जिसके परिणामस्वरूप पौधों की वृद्धि तथा भूस्तारी उत्पादन बढ़ते हैं। जिब्रेलिक अम्ल के अतिरिक्त, पैक्लोब्युट्राजोल (पी.पी. 333, कुलतार) के पर्णीय छिड़काव या मृदा उपयोग से स्ट्राबेरी में अच्छी वृद्धि के साथ-साथ भूस्तारी उत्पादन भी बढ़ता है। ठीक इसी प्रकार ट्राइकोन्टानोल (5 पी.पी.एम.) का उपयोग पुष्पन से पहले मार्च में करने से, पत्तियों का नाप द संख्या के साथ-साथ भूस्तारी उत्पादन में भी बढ़ोत्तरी होती है।

2. भूस्तारियों की प्रसुप्ति हटाना

शीत भंडारण में रखी भूस्तारियां सामान्य रूप से, प्रसुप्ति में चली जाती हैं तथा बाद में वे खेत में अच्छी तरह नहीं बढ़ती हैं। भूस्तारियों की प्रसुप्ति हटाने के लिए 0.1 प्रतिशत हाइड्रोजन साइनामाइड तथा 3.0

प्रतिशत पोटेशियम नाइट्रेट आदि रसायन बहुत प्रभावी पाए गए हैं। रोपण से पहले भूस्तारियों का इन रसायनों से 5-10 मिनट तक उपचार करना चाहिए।

3. फूलों का विरलन

स्ट्राबेरी की अधिकतम उपज के लिए अत्यधिक संख्या में लगे फूलों का हटाना एक लाभदायक प्रक्रिया है। सामान्य रूप से यह कार्य मजदूरों द्वारा किया जाता है जो कि एक कठिन, अधिक समय लेने वाला, खर्चीला तथा अधिक मेहनत का कार्य है। इससे बचने के लिए, विभिन्न रसायनों के उपयोग से भी फूलों का विरलीकरण किया जा सकता है। प्रयोगों से यह सिद्ध हो चुका है कि फूल बनने से पहले जिब्रेलिक अम्ल (50 पी.पी.एम.) के छिड़काव से पुष्पन की क्रिया प्रभावित होती है। ठीक इसी प्रकार, इथेफोन (50 पी.पी.एम.) का छिड़काव पुष्पन से एक सप्ताह पहले करने पर विभिन्न किस्मों में फूलों को बनने से रोकता है या कम कर देता है।

4. फलों का निर्धारण

स्ट्राबेरी में फलों का निर्धारण कई कारकों, विशेषकर परागण की क्रिया तथा परागक कीटों की संख्या से प्रभावित होता है। किन्तु इसे ऑक्सिन, खासकर इंडोल एसिटिक अम्ल (एन.एन.ए.) के 50 पी.पी.एम. के प्रयोग से बढ़ा सकते हैं। इसका छिड़काव फल बनने की प्रक्रिया शुरू होते ही कर देना चाहिए।

5. फसल व्यवस्थापन

स्ट्राबेरी में फूलों को बढ़ाने के लिए पलवार का उपयोग एक आसान व सस्ती प्रक्रिया मानी गई है। इससे मृदा के तापमान के संतुलन में सहायता मिलती है जिससे फूलों की जाड़े में सुरक्षा होती है, किन्तु कुछ वृद्धि नियामकों के उपयोग से भी फसल व्यवस्थापन किया जा सकता है। जैसे जिब्रेलिक अम्ल (50-75 पी.पी.एम.) का जाड़े में

(दिसम्बर-जनवरी) उपयोग से ज्यादातर किस्मों में अच्छे पुष्पन के साथ अगेती फसल मिलती है।

6. बीजविहीनता

स्ट्राबेरी के फलों में बीज बहुतायत में पाए जाते हैं तथा जब हम फलों को खाते हैं तो उनमें कटर-कटर की आवाजें आती है। बहुत से खाने वालों को यह अरूचिकर लगता है तथा कभी-कभी ये पेट में बहुतायत में जमा हो जाते हैं। इसलिए बीजरहित फल पैदा करना आवश्यक हो जाता है। बीते समय में, स्ट्राबेरी में बीजरहित फल पैदा करने के प्रयास किए गए किन्तु सफलता सीमित ही मिली है। हांलाकि कुछ शोधकर्त्ता वृद्धि नियामकों का प्रयोग कर बीजरहित फल पैदा करने में सक्षम भी हुए हैं। जैसे इंडोल एसिटिक अम्ल (5 मि.ली./लीटर पानी में) को लेनोलिन के पेस्ट से पुमंगीहरण (नर रहित) फूलों में प्रयोग के परिणामस्वरूप 100 प्रतिशत बीजरहित फल विकसित होते हैं। यद्यपि इंडोल एसिटिक अम्ल के प्रयोग के उपरांत स्ट्राबेरी के फलों में फटन, टेढ़ापन, लालपन, हल्कापन आदि कुछ असमानताएं भी विकसित हो सकती हैं।

7. फलों की पैदावार तथा गुणवत्ता में सुधार

स्ट्राबेरी के फल उत्पादन एवं उनकी गुणवत्ता में सुधार के लिए वृद्धि नियामकों का प्रयोग सबसे अच्छी तकनीक है। जिब्रेलिक अम्ल (50-75 पी.पी.एम.) का एक छिड़काव फूल बनने की अवस्था शुरू होने से पहले करने पर बहुत ज्यादा प्रभावशाली है क्योंकि जिब्रेलिक अम्ल के प्रयोग से अच्छी गुणवत्ता सहित अधिक फलों का उत्पादन होता है।

17. पुष्पन, परागण तथा फल लगना

किसी भी पौधे के जीवनकाल पुष्पन एक महत्वपूर्ण प्रक्रिया होती है। फलदार फसलों में पुष्पन का कोई औचित्य नहीं रहता यदि उनमें फल न लगें क्योंकि ऐसी फसलों में उत्पादक का मुख्य उद्देश्य फल प्राप्त करना होता है। फलन के लिए पहले पुष्पन, फिर परागण अति आवश्यक होता है। स्ट्राबेरी में इन सभी प्रक्रियाओं का संक्षिप्त विवरण इस अध्याय में दिया गया है।

पुष्पन

प्रकाश, पर्यावरण का मुख्य कारक है जो कि विभिन्न *फ्रेगेरिया* वंश के पौधों की वृद्धि तथा विकास के व्यवस्थापन (क्रम में रखना) में सहायता करता है। प्रकाश की किरणों के परिवर्तन स्तर के कारण पत्ती आकार, जड़ तथा मुकुट (क्राऊन) का विकास, तने का विकास, भूस्तारियों का बनना व बढ़ना, फल लगना तथा फल आकार आदि प्रभावित हो सकते हैं। प्रकाश की गुणवत्ता भी स्ट्राबेरी की कार्यिकी को प्रभावित कर सकती है। सामान्य रूप से स्ट्राबेरी में पुष्प बनने की दशाओं में (8 घंटे के दिनों में) फूल जल्दी या देरी से आने की प्रक्रिया, लाल प्रकाश (एफ.आर. 700-800 नैनोमीटर) द्वारा प्रभावित होती है। ठीक इसी प्रकार, लाल प्रकाश की किरणों के सम्पर्क से पहले अर्द्धकाल के दौरान प्रतिदिन कालावधि या प्रकाश किरणों के सम्पर्क से दूसरे अर्द्धकाल के कालावधि से भूस्तारी निर्माण, पत्ती की परत तथा पत्ती ठंडल की लंबाई में बढ़ोत्तरी होती है।

स्ट्राबेरी का फूल सम्पूर्ण पुष्प होता है, जिसमें 5 बाह्य दल, 5 पंखुड़ियां तथा अनेकों पुंकेसर होती हैं (रेखाचित्र-9)। परागण से अनेकों बीज वाले ठीक-ठाक फल पैदा होते हैं। वायुमंडल की विभिन्न दशाएं पुष्पन, परागण व फलों के बनने की प्रक्रिया को प्रभावित करते हैं जिनका संक्षिप्त विवरण निम्नलिखित है।

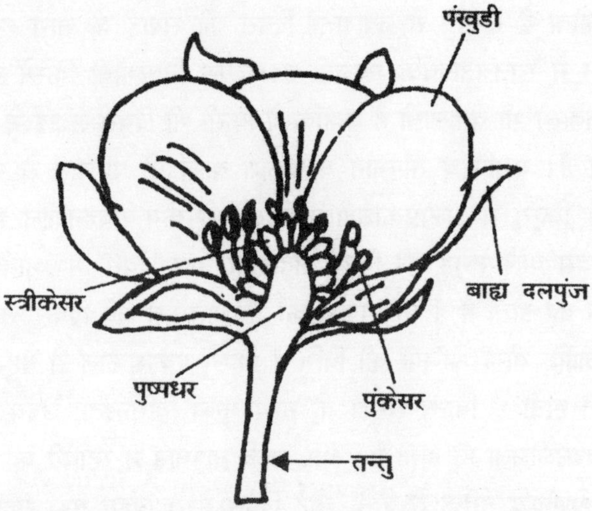

रेखाचित्र 9: स्ट्राबेरी फूल के विभिन्न भाग

प्रकाशकाल का प्रभाव

प्रसिद्ध वैज्ञानिक सुडज ने सबसे पहले स्ट्राबेरी में प्रकाशकाल के प्रभाव को वर्ष 1928 में बताया था। उन्होंने ही स्ट्राबेरी की जातियों को प्रकाशकाल/दीप्तिकाल (photoperiod) की आवश्यकतानुसार अल्पप्रकाशापेक्षी (छोटे दिवस), दीर्घ प्रकाशापेक्षी (लंबे दिवस) तथा दिवस निष्प्रभावी में श्रेणीकरण किया था। पुष्प बनने के अतिरिक्त पत्ती आकार, पत्ती के ठंडल की लंबाई तथा भूस्तारी का विकास भी प्रकाशकाल के प्रति अधिक संवेदनशील होते हैं। सामान्यतः जून में फूलने वाली किस्में छोटे दिवस वाली जातियां कहलाती हैं, जिनमें पुष्पन का प्रारंभ 14 घंटे से कम प्रकाशकाल में होता है।

यद्यपि ज्यादातर छोटे दिवस वाली किस्में पुष्पन प्रारंभ के समय लगातार दिवस लंबाई के परिपेक्ष में कम या ज्यादा विकल्पी छोटे दिवस का प्रभाव दर्शाती हैं, यदि तापमान 16 डिग्री सेंटीग्रेड़ से कम दिया जाए। हालांकि अल्पप्रकाशापेक्षी (छोटे दिवस) किस्मों का क्रांतिक प्रकाशकाल

भिन्न होता है जिनमें से ज्यादातर दिवस की लंबाई के साथ हल्के ठडे तापमान में स्वतंत्रतापूर्वक खिलती हैं। दिवस निष्प्रभावी किस्में सदाबहार फलत किस्में भी कहलाती हैं क्योंकि वे किसी भी दिवस लंबाई में लगातार खिलती हैं। यद्यपि वे तापमान व प्रकाश काल के परिणाम से रूपांतरित होती है किन्तु यें अल्पप्रकाशापेक्षी किस्मों से कम संवेदनशील होती हैं। लंबे दिवस वाले समूह की किस्में सदाबहार तथा दिवस निष्प्रभावी किस्मों के बीच की होती हैं, जिन्हें पुष्पन की शुरूआत हेतु लंबे दिवस जरूरी होते हैं। हालांकि तीनों श्रेणियों की विभिन्न किस्में प्रकाशकाल से बहुत ज्यादा प्रभावित होती हैं किन्तु समूहों के मध्य मुख्य विभिन्नता, उच्च तापमान की संवेदनशीलता ही होती है। अतः उच्च तापमान में स्ट्राबेरी की विभिन्न किस्में श्रेणीबद्ध तरीके से जैसे, छोटे दिवस से सदाबहार तथा सदाबहार से दिवस निष्प्रभावी समूह की संवेदनशीलता धीरे-2 घटती है।

सामान्यतः स्ट्राबेरी में लंबे अंधकार की अवधि (14 घंटे) सहित कम प्रकाशकाल (10 घंटे), कम प्रकाशकाल तथा अंधकारकाल (दोनों 10 घंटे) तथा लंबे प्रकाशकाल तथा अंधकारकाल (दोनों 14 घंटे) में पुष्पन शुरू होता है। अतः स्ट्राबेरी में पुष्पन हेतु अंधकार काल की अवधि, प्रकाश काल अवधि की अपेक्षा अधिक प्रभावशाली कारक है जो इसमें पुष्पन के प्रारंभन को नियंत्रित करता है। प्रकाशकाल की अवधि बढ़ने से पैदावार में बढ़ोत्तरी, वानस्पतिक वृद्धि, पौधे का आकार, भूस्तारी निर्माण, पत्ती के डंठल की लंबाई तथा पत्तियों के आकार व नाप पर भी प्रभाव पड़ता है, यद्यपि यह किस्म विशेष का अपना गुण होता है।

तापमान का प्रभाव

स्ट्राबेरी में वृद्धि एवं विकास, मृदा तथा हवा (वातावरण) के तापमान में विभिन्नता के प्रति बहुत ज्यादा संवेदनशील होते हैं। तापमान का साधारण प्रभाव किस्म तथा जातियों (स्पीशीज) की पारस्परिक क्रिया पर भी निर्भर करता है। ज्यादातर किस्मों को उगाने के लिए 18 डिग्री सेंटीग्रेड तापमान उचित पाया गया है। हालांकि कुछ किस्में 25 डिग्री

सेंटीग्रेड पर भी अच्छी पनपती हैं। कुछ शोधकर्त्ताओं के अनुसार स्ट्राबेरी में अच्छी वृद्धि तथा पुष्पन के लिए 20 से 26 डिग्री सेंटीग्रेड तापमान ठीक रहता है। यद्यपि तापमान का प्रभाव किस्म विशेष पर भी निर्भर करता है। मृदा के अनुकूलतम तापमान पर कृषि क्रियाओं से इसकी वानस्पतिक वृद्धि में भिन्नता भी होती है। उदाहरण के तौर पर शास्ता तथा लासन किस्मों को सफलतापूर्वक उगाने हेतु क्रमश: 12.8 तथा 7.2 डिग्री सेंटीग्रेड मृदा तापमान सबसे अच्छा रहता है। इन दोनों किस्मों में फलत क्रमश: 12.8 तथा 7.2 डिग्री सेंटीग्रेड पर, जबकि भूस्तारी का अच्छा विकास मृदा के 18.3 डिग्री सेंटीग्रेड तापमान पर होता है। सामान्यत: पुष्प बनने तथा फलों के पकने के बीच का अनुकूलतम तापमान अगेती किस्मों में 13.8 डिग्री सेंटीग्रेड, मध्यम मौसम की किस्मों में 14.4 डिग्री सेंटीग्रेड तथा पछेती किस्मों में 15.1 डिग्री सेंटीग्रेड होता है। 15.6 डिग्री सेंटीग्रेड से नीचे के तापमान पर परागकण अंकुरण तथा पराग नली की वृद्धि रूकती है जिसके परिणामस्वरूप कुरूप (भद्दे) फल बनते हैं। इसके अतिरिक्त तापमान, मधुमक्खियों की गतिविधियों को प्रभावित कर परागण क्रिया, फल लगने की क्रिया व फलों की गुणवत्ता पर भी प्रभाव डाल सकता है।

हालांकि स्ट्राबेरी के फूल स्व:निषेचित होते हैं परन्तु यह प्रयोगों से सिद्ध हो चुका है कि मधुमक्खियों के 2 से 4 छत्ते प्रति एकड़ स्ट्राबेरी के खेत में रखने से परागण अच्छा होता है तथा फलन अधिक होने के साथ-2 फलों की गुणवत्ता में भी सुधार होता है। परन्तु 10 डिग्री सेंटीग्रेड से कम तथा 35 डिग्री सेंटीग्रेड से अधिक तापमान होने पर मधुमक्खियों की गतिविधि कम होती है। इस प्रकार, ठंडा तापमान, वर्षा या तेज हवा आदि से मधुमक्खियों की उड़ान प्रभावित होती है जिसके परिणामस्वरूप परागण क्रिया प्रभावित होती है जो फलों में कुरूपता का मुख्य कारण है।

स्ट्राबेरी की ज्यादातर जातियों तथा किस्मों में कम तापमान पर बने रहने की अपनी एक योग्यता होती है। हालांकि कुछ किस्में -50 डिग्री सेंटीग्रेड ठंडे तापमान पर भी बनी रहती हैं, किन्तु स्ट्राबेरी अन्य

शीतोष्ण फलों की भांति अधिक ठंड नहीं सह सकती। पाले से स्ट्राबेरी को काफी क्षति होती है। पाले से क्षति, किस्म विशेष, पौधे के विकास की अवस्था, तापमान की अवधि, शीतन, जलवायु दशा, पोषण तत्वों का स्तर, पौधे व मृदा में नमी का स्तर, ठंडक की दर तथा पलवार आदि पर भी निर्भर करती है।

पतझड़ के मौसम में कम तापमान व लघु प्रकाशकाल के परिणामस्वरूप पुष्पन की शुरूआत, मुकुट शाखा विकास, पत्ती आकार में कमी तथा प्रसुप्तावस्था आदि शुरू हो जाते हैं। स्ट्राबेरी में प्रसुप्तावस्था ज्यादातर शीतोष्ण फलों से भिन्न है क्योंकि इसमें यह बाह्य दशाओं (बाह्य प्रसुप्ति) द्वारा नियंत्रित होती है। प्रसुप्तावस्था के बाद बसन्त ऋतु में जैसे ही तापमान तथा प्रकाशकाल जैसी पर्यावरण की अनुकूल दशाएं आती हैं, तो पत्तियां हरी हो जाती हैं तथा पौधों में वृद्धि शुरू हो जाती है। इसलिए हम कह सकते हैं कि स्ट्राबेरी में सत्य प्रसुप्ति नहीं होती है। परन्तु शीतन की कमी से स्ट्राबेरी के पौधों में कम बढ़वार तथा कम पैदावार होती है। इसलिए स्ट्राबेरी के भूस्तारियों को रोपण से पहले पर्याप्त शीतन की आवश्यकता होती है। हालांकि यह किस्म विशेष पर निर्भर करती है। सामान्यतः ठण्ड़े क्षेत्र की किस्मों में प्रसुप्ति हटाने के लिए लम्बे शीतन अवधि की आवश्यकता होती है, जबकि उप उपोष्ण किस्मों में बहुत कम या बिलकुल भी शीतन अवधि की आवश्यकता नहीं होती। आराम अवस्था को दूर करने के लिए किस्मों के अनुसार शीतन की आवश्यकता होती है। जैसे टियोगा हेतु 2-4 सप्ताह, टोरे के लिए 8 सप्ताह तथा रेडगाउन्टलेट, हावर्ड-17 आदि को 8 सप्ताह से ज्यादा की शीतन समयावधि चाहिए।

बसंत या पतझड़ के मौसम में प्रायः पाले से लैगिक अंगों को नुकसान हो जाता है। स्ट्राबेरी के खुले फूलों में ठण्ड़ से क्षति प्रायः 2 डिग्री सेंटीग्रेड़ तापमान पर शुरू हो जाती है। यद्यपि कुछ किस्मों में फूल -4.5 डिग्री सेंटीग्रेड़ तापमान पर भी जीवित रहते हैं। अब *फ्रेगेरिया* की कुछ ऐसी किस्में विकसित की जा चुकी है जो -50 डिग्री सेंटीग्रेड़ से कम तापमान को भी सहन कर लेती हैं। ठंड के प्रति ग्रहणशीलता किस्मों में

भिन्न-भिन्न होती है तथा यह ऊतकों में बर्फ के बनने की डिग्री के कारण होती है।

प्रकाश काल तथा तापमान का संयुक्त प्रभाव

स्ट्राबेरी में वानस्पतिक तथा लैंगिक वृद्धि शुरू करने में प्रकाशकाल तथा तापमान का परस्पर संबधी प्रभाव का भी महत्वपूर्ण योगदान है। छोटे दिवस में सामान्य रूप से अधिकतम 21 डिग्री सेंटीग्रेड तापमान पर पुष्पन, मध्यम पुष्पन 15.6 डिग्री सेंटीग्रेड तथा सबसे कम पुष्पन 12.5 डिग्री सेंटीग्रेड तापमान पर होता है। पुष्पन प्रारंभ होने के लिए उपयुक्त तापमान 15.6 डिग्री सेंटीग्रेड सहित 16 घंटे का प्रकाशकाल अच्छा रहता है, किन्तु सामान्यतः प्रकाशकाल एवं तापमान के पारस्परिक संबंधों का पुष्पन पर प्रभाव भी किस्मों के अनुसार ही होता है। उदाहरणतः लंबे दिवस की दशाओं में 14-16 घंटे तथा 21 डिग्री सेंटीग्रेड पर कलोनडाइक किस्म भूस्तारियां तथा पुष्प दोनों बराबर मात्रा में पैदा करती है परन्तु बुरिल्ल किस्म नहीं। हालांकि इस किस्म में छोटे दिवस की दशा में अधिक पुष्प बनते हैं। 15 डिग्री सेंटीग्रेड से अधिक तापमान पर प्रकाशकाल ज्यादा क्रांतिक होता है। इसलिए पुष्पन प्रारंभ होने के लिए क्रांतिक प्रकाशकाल 12 तथा 16 घंटे; 12 तथा 14 घंटे; 11 तथा 14 घंटे, 11 तथा 15 घंटे; 13 तथा 15 घंटे के बीच अच्छा रहता है। पुष्पन का प्रारंभ होना तापमान तथा प्रकाशकाल की अवधि पर भी निर्भर करता है। छोटे दिवस की किस्मों में फलत का समय ज्यादातर हल्के ठंडे मौसम में लंबा हो जाता है क्योंकि ऐसे मौसम में प्रकाशकाल 14 घंटे से कम होता है एवं ठंडक के कारण पौधों में होने वाली हानि भी कम होती है। सामान्यतः क्रांतिक प्रकाशकाल से पुष्पन प्रारंभ होने में रूकावट के अतिरिक्त वानस्पतिक वृद्धि को बढ़ावा मिलता है तथा पत्ती ठंडल की लंबाई में बढ़ोत्तरी, पत्ती आकार तथा भूस्तारी का बनना एक जैसा रहता है। किन्तु, लंबे दिवस की दशा में यदि एक बार पुष्पन प्रारंभ होने की प्रक्रिया शुरू हो जाती है तो बाद में फूलों का विकास जारी रहता है।

परागण की प्रक्रिया

स्ट्राबेरी की ज्यादातर किस्मों के पुष्प द्विलिंगी तथा स्व:निषेचित होते हैं। किन्तु कुछ जातियों में नर या पुंकेसरी अपूर्ण तथा मादा या स्त्रीकेसरी पुष्प भी पैदा होते हैं। द्विलिंगी पुष्प स्व:निषेचित होते हैं किन्तु स्त्रीकेसरी पुष्पों में फलन के लिए परपरागण आवश्यक होता है। कुछ यूरोपियन किस्में जैसे कोरोना, गोरेला तथा कोनफिचुरा में कुछ हद तक बांध्यता पाई गई है। इन किस्मों में अक्सर शुरू में सम्पूर्ण पुष्प लगते हैं जिनमें अच्छे फल बनते हैं किन्तु बाद में लगने वाले पुष्पों में आंशिक (कम) फल लगते हैं या फल बनते ही नहीं हैं। यह इन किस्मों में प्राकृतिक बाध्यता के कारण होता है। यह सर्वविदित है कि शुरू में आए पर्याप्त पुष्पों में अच्छी मात्रा में फल लगते हैं परन्तु बाद के पुष्पों में से अच्छे फल नहीं लगते। हांलाकि कभी-कभी शुरू में लगे फूलों में भी घटिया फलों का विकास तथा अविकसित छोटे-छोटे गांठदार फलों का विकास भी होता है। प्रयोगों से यह पाया गया है कि ऐसे फलों का विकास आंशिक परागण के कारण होता है। पाला तथा कीटों की क्षति से भी गांठदार फल पैदा हो सकते हैं। ठीक इसी प्रकार घटिया फलों (गांठदार) का बनना कुछ किस्मों में केवल स्त्रीकेसर पुष्प पैदा होने से भी हो सकता है। कुछ पुष्पों में पर्याप्त मात्रा में परागकण न होने के कारण निषेचन प्रक्रिया नहीं हो पाती है जिससे गांठदार फल बन सकते हैं।

कुछ किस्मों के पौधों में परागण पैदा करने की क्षमता एक क्षेत्र से दूसरे क्षेत्र में भिन्न होती है जिससे परागण की क्रिया प्रभावित होती है। बहुत सी किस्मों में बसंत ऋतु से पहले खुलने वाले पुष्पों में पर्याप्त मात्रा में परागणों वाली अच्छी पुंकेसर का विकास होता है परन्तु कभी-कभी ऐसा नहीं होता है। इसलिए एक किस्म क्षेत्र विशेष में स्व:निषेचित किन्तु अन्य जगहों पर स्व:बध्य हो सकती है। उदाहरणत: क्रिसेन्ट, स्टर्लिंग एवं कॉस्टल आदि किस्मों में संयुक्त राज्य अमेरिका में केवल स्त्रीकेसर पुष्प की आते हैं तथा इन्हें परागण के लिए योग्य परागक (कीट) तथा फल

बनने के लिए परागद किस्म विशेष की आवश्यकता होती है, किन्तु इंग्लैंड में ये किस्में स्वःनिषेचित होती हैं तथा फलन हेतु किसी परागक (pollinator) तथा परागद (pollinizer) की आवश्यकता नहीं होती है। वैज्ञानिक सुझाव देते हैं कि स्वःनिषेचन तथा स्वःबध्यता दोनों प्रकार की किस्मों के लिए परागक तथा परागद की उपस्थिति स्ट्राबेरी के व्यावसायिक उत्पादन हेतु आवश्यक होते हैं। स्वःबध्य किस्मों में फल बनने के सुधार के लिए परपरागण जरूरी है। उचित परागक तथा परागद की अनुपस्थिति या अप्रर्याप्त परागण से भद्दे व कुरूप फलों का प्रतिशत बढ़ सकता है। इसलिए स्ट्राबेरी की अच्छी फलत के लिए मुख्य किस्म के रोपण के अनुरूप परागक सहित परागद की व्यवस्था करनी जरूरी है। सामान्यतः व्यावसायिक रोपण के लिए एक कतार परागद तथा 5 कतारें मुख्य किस्म की लगाई जानी चाहिए।

मधुमक्खियां स्ट्राबेरी के लिए मुख्य परागक कीट हैं। अच्छे परागण के लिए एक हैक्टेयर क्षेत्रफल में कम से कम 3-4 मधुमक्खी के बक्से रखने चाहिए। मधुमक्खी के बक्से रखने से फल बनने, गुणवत्ता तथा पैदावार में बढ़ोत्तरी के साथ-साथ कुरूप/भद्दे फलों की संख्या में भी कमी होती है। 40 डिग्री सेंटीग्रेड से ऊपर या 4 डिग्री सेंटीग्रेड से नीचे के तापमान पर मधुमक्ख्यिों की गतिविधियां कम हो जाती हैं तथा 10-15 डिग्री सेंटीग्रेड पर ये कीट अच्छे सक्रिय रहते हैं। इसी प्रकार बरसात तथा तेज हवाओं के दौरान भी मधुमक्खियां उड़ान नहीं भरती हैं। इसलिए स्ट्राबेरी में जलवायु की दशाओं से मधुमक्खियों की सक्रियता में हस्तक्षेप से परागण तथा फल बनने की प्रक्रिया में बाधा आती है। कीट परागकों की अनुपस्थिति में स्ट्राबेरी में, हवा भी परागण में महत्वपूर्ण भूमिका निभाती है किन्तु तेज गर्म तथा शुष्क हवाएं फूल की वर्तिकाग्र रस को सुखा सकती हैं जिससे भी फल बनने की प्रक्रिया प्रभावित होती है। इसके अतिरिक्त गर्म तथा शुष्क हवाएं बढ़ते फलों को गिरा सकती हैं जिससे भी फलत पर प्रतिकूल प्रभाव पड़ता है।

फल लगने व बनने की प्रक्रिया

फलों का लगना व बनना किस्म का विशेष गुण है जोकि कई शक्ति सामर्थ्य प्रबंधन क्रियाएं, प्रकाशकाल की अवधि, वातावरण के तापमान, जलवायु की अन्य दशाओं, कीट परागकों, परागदों आदि की सक्रियता पर निर्भर करता है। स्ट्राबेरी का पुष्पक्रम अद्भुत प्रकार का होता है जिसमें सामान्यत: एक प्राथमिक, 2 द्वितीयक, 4 त्रितीयक तथा 8 चतुर्थक फूल आते हैं। त्रितीयक पुष्पों में सबसे अधिक फल पैदा होते हैं। यहां तक कि अच्छी तरह प्रबंधन से भी ज्यादातर किस्मों में एक या एक से अधिक कारणों से शत प्रतिशत फल नहीं बनते हैं। स्ट्राबेरी के रोपण में नाइट्रोजन के उपयोग, ऑक्जीन के छिड़काव तथा खासकर मधुमक्खी कीट परागक व किसी उपयुक्त परागद की व्यवस्था से फल बनने की प्रक्रिया को कुछ हद तक बढ़ा सकते हैं।

18. निषेचन, फलवृद्धि एवं विकास

उचित परागण के बाद निषेचन की प्रक्रिया शुरू होती है जो फल बनने व उसकी वृद्धि के लिए आवश्यक होती है। स्ट्राबेरी में निषेचन फलवृद्धि एवं फल विकास के दौरान होने वाले बदलाव तथा फलवृद्धि को प्रभावित करने वाले कारकों का इस अध्याय में संक्षिप्त विवरण दिया गया है।

निषेचन

पर्याप्त परागण के बाद निषेचन शुरू होता है जिससे अण्डाशय का तेजी से विकास होता है तथा प्रत्येक निषेचित बीज का चारों ओर से फूलना शुरू हो जाता है। सामान्यतः स्ट्राबेरी में एक असत्य (झूठे) फल का विकास होता है। स्ट्राबेरी एक पुंजित (aggregate) फल है, जिसका विकास एक साथ तथा सामान्य इकाई के ऊपर होता है जो सामान्यतः पुष्पधर (receptacle) के साथ जुड़ा होता है (रेखाचित्र-10)। एक फूल से एक फल का विकास होता है। वानस्पतिक शास्त्री स्ट्राबेरी के फलों को **'एकीन्स'** का पुंज मानते हैं। सामान्य रूप से गुच्छे में प्राथमिक फल बड़े होते हैं जबकि क्रमशः द्वितीयक, त्रितीयक तथा चतुर्थक फल छोटे होते हैं। स्ट्राबेरी में किस्म, परागण तथा जलवायु की दशाओं के अनुसार प्रत्येक फल में 20-500 तक बीज हो सकते हैं। सामान्यतः प्राथमिक पुष्पों से तैयार फल पहले पकते हैं तथा उनमें अधिकतम बीज होते हैं। एक ही किस्म के प्राथमिक फूलों में द्वितीयक, त्रितीयक व चतुर्थक फूलों की अपेक्षा कम परागकण होते हैं, जिस कारण उनमें बीज भी कम होते हैं। फूल की वर्तिकाग्र कई दिनों तक सुग्राही रहती है तथा सामान्य रूप से मधुमक्खियां अन्य फूलों से परागकण लाकर परागण करती हैं। उनमें बाद उनमें निषेचन की प्रक्रिया शुरू होती है। एक फूल में कई वर्तिकाग्र होते हैं और वे सभी सम्पूर्ण फल बनने की प्रक्रिया में भाग लेते हैं। अतः

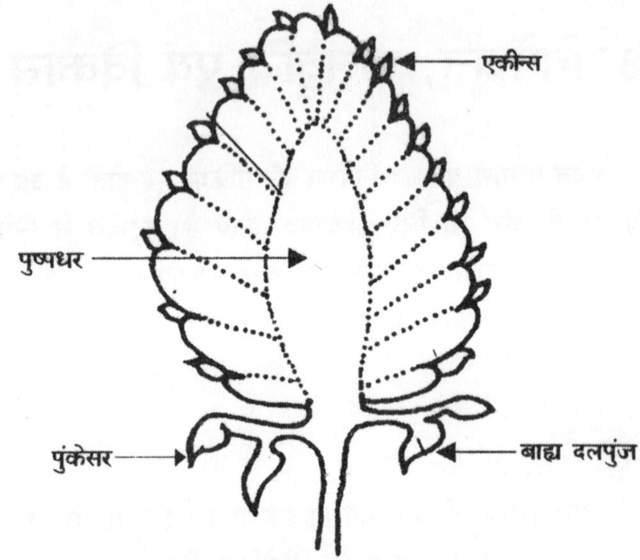

रेखाचित्र 10: स्ट्राबेरी फल की बनावट

सम्पूर्ण फल के विकास हेतु फूल में विद्यमान सभी वर्तिकाग्र का परागित व निषेचित होना आवश्यक होता है।

फलवृद्धि

स्ट्राबेरी में साधारणतः मौसम के शुरू में फूल खिलने से फल पकने तक औसतन 28 - 31 दिन लगते हैं। मध्यम मौसम में यह प्रक्रिया लगभग 25 दिनों का समय लेती है। सामान्यतः सदाबहार किस्मों में लम्बे दिवस में 20 - 25 दिन लगते हैं किन्तु बसन्त ऋतु के मध्य में उच्च तापमान पर 55 - 60 दिन भी लग सकते हैं। क्योंकि स्ट्राबेरी के फल असामान्य वृद्धि दिखाते हैं, इसलिए विभिन्न वैज्ञानिकों ने इसकी फल वृद्धि की आदत को विभिन्न रूपों से दिखाया है। परन्तु सामान्यतः स्ट्राबेरी में फल की वृद्धि पुष्पधर तथा बीजों की वृद्धि पर निर्भर करती है जो किस्म विशेष का गुण है। प्रारम्भ में स्ट्राबेरी की वृद्धि मात्र एकचक्री (single sigmoidal curve) होती है, लेकिन कुछ शोधकर्ताओं के अनुसार

इसमें द्विचक्री (double sigmoidal curve) वृद्धि होती है। यद्यपि, फल वृद्धि मुख्यत: किस्म विशेष का गुण है जो जलवायु की दशा द्वारा भी अत्यधिक प्रभावित होती है। उदाहरणत: ओजर्क ब्यूटी किस्म में विभिन्न प्रकाश सघनताओं में दोनों एकचक्री (एकल) तथा द्विचक्री (युगल) सिगमोइडल वृद्धि प्रदर्शित करती है। युगल सिगमोइडल वृद्धि में, पहले की वृद्धि बीजों के विकास के प्रभाव तथा प्रारम्भिक पुष्पधर की वृद्धि द्वारा प्रभावित होती है। दूसरी वृद्धि में कार्बोहाइड्रेटस अवशोषण का पात्र में इकट्ठा होने से होती है, जोकि बाद में बहुत ही तेजी से बढ़ता है। भ्रूण के पकने पर पात्र की वृद्धि दर बढ़ जाती है, जो फल के पकने पर शुरू होती है।

पूर्ण पके हुए फल का खास आकार होता है। स्ट्राबेरी फल में सामान्यत: 8 आकार के फल पाए जाते हैं जैसे चपटा, गोलाकार, गोल-शंक्वाकार, शंक्वाकार, लम्बा शंक्वाकार, लम्बी गर्दन सहित शंक्वाकार, लम्बा फालादार, छोटा फालादार आदि (रेखाचित्र-11)। सामान्यत: फल के

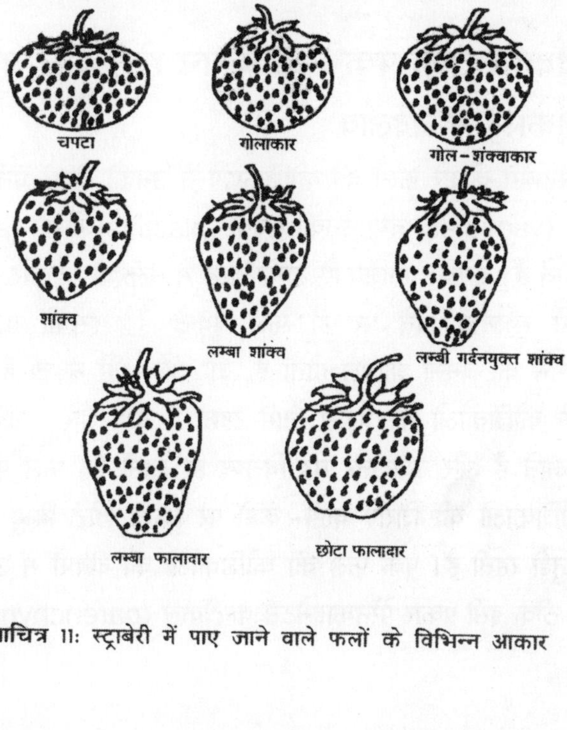

रेखाचित्र 11: स्ट्राबेरी में पाए जाने वाले फलों के विभिन्न आकार

आकार का पता पुष्पधर के आकार से ही चल जाता है, किन्तु गुच्छे में फल का आकार उसकी अपनी स्थिति, परागण, निषेचन तथा फल के विकास के समय मौसम की दशाओं द्वारा भी प्रभावित होता है। स्ट्रोबेरी में सामान्यत: प्रारंभिक फल अनियमित आकार के तथा बाद के फल एक सामान आकार के होते हैं।

फलों का पकना

स्ट्राबेरी के फलों की वृद्धि काफी तेज होती है तथा यह पकने में मात्र 20-60 दिन ही लेती है। यह किस्म के फल स्वभाव, पर्यावरण की दशाओं तथा परागण आदि पर निर्भर करता है।

स्ट्राबेरी फल एक आदर्श फल है। इसमें पकने के दौरान कई विशेष बदलाव होते हैं। इसकी पकने की प्रक्रिया के दौरान इसकी नाप बढ़ती है तथा रंग, सुवास तथा गठन में साथ-2 बदलाव आता है। भण्डारण में फल का रंग आकर्षक किन्तु गठन, सुवास, कुल घुलनशील ठोस पदार्थों में बदलाव तथा अम्लता कम होती है।

फल विकास तथा पकने के दौरान होने वाले बदलाव

1. कोशिकाओं में बदलाव

स्ट्राबेरी के हरे फलों की कोशिकाओं में उनकी दीवारें घनी, छोटी रसधानियां (vacuoles) तथा उनकी लवक (plastids) में मंड (starch) के दाने होते हैं। इनकी कोशिकाऐं टोनोप्लास्ट में नली के आकार में बढ़ती हैं, जिनमें सघनता होने पर ही फल पकते हैं। इसकी बढ़वार में एन्थोसाएनिन का बनना शामिल होता है, जो धीरे-धीरे बढ़ता है। सफेद अवस्था में कोशिकाओं का बढ़ना जारी रहता है तथा धीरे- धीरे लवक नष्ट हो जाते हैं और ज्यादातर मंड विलुप्त हो जाती है। फल पकने के दौरान कोशिकाओं की शिराऐं कहीं-कहीं पर किसी छोटे बिन्दु पर एक दूसरे से जुड़ी रहती हैं। पके फल की कोशिकाओं की दीवारों में उभार आ जाता है। ठीक इसी प्रकार पेरेनकाइमेटस कार्टीकल (parenchymatous cortical) कोशिकाओं में लगातार बढ़ोत्तरी होती है तथा पकने पर इनके मध्य पटलिका (middle lamella) से अलग होती जाती है जो फलों के पकने में सहायता करती है। किन्तु सूत्रकणिका (mitochondria) पके फल में भी सामान्य ही रहती है।

2. संघटन में बदलाव

फल में विकास प्रक्रिया के दौरान उसमें रंग, शर्कराऐं, कार्बनिक अम्लों, कुल घुलनशील ठोस पदार्थ, विटामिन सी तथा उड़नशील संगठकों आदि में कई महत्वपूर्ण बदलाव आते हैं। यद्यपि वैज्ञानिक, फलों के मुलायमपन के लिए एन्जाइम को जिम्मेदार नहीं बताते हैं तथापि फलों के मुलायमपन के लिए सेल्यूलोज एन्जाइम सहायक होता है। हरे फलों के विकास के साथ क्लोरोफिल (हरा पदार्थ) का बनना रूक जाता है तथा सफेद अवस्था में ही एन्थोसाएनिन का विकास शुरू हो जाता है।

पेलारगोनिडीन ग्लूकोसाइड का एन्थोसाएनिन बर्णक (anthocyanin pigment) में बदलने से फलों का लाल रंग होता है। पके फलों में एन्थोसाएनिन का इकट्ठा होना फेनायलाएलानिन अमोनिया लाइगेज एन्जाइम की सक्रियता से होता है, जोकि किस्म विशेष का गुण है। उपायचय (मेटाबोलिक) के बदलाव के लिए शर्करा ऊर्जा प्रदान करने तथा सुवास निर्माण में अहम भूमिका निभाती है। पके फलों में कुल शर्कराओं में ग्लूकोस, फ्रक्टोज तथा सुक्रोज की 90 प्रतिशत तक भागेदारी होती है तथा कुल शर्कराओं में लगभग 80 प्रतिशत अंश ग्लूकोस, फ्रक्टोज निर्बल शर्करा का होता है। फलों के पकने के समय पकी अवस्था में हरे व पके फलों के बीच शर्करा की मात्रा दुगुनी (2.5 मिग्रा./ग्राम ताजे भार के आधार पर) होती है।

स्ट्राबेरी में सुवास निर्माण के लिए कार्बनिक अम्ल तथा शर्कराऐं महत्वपूर्ण भूमिकाएं निभाती हैं। प्रायः खाने वाले की स्वीकार्यता सूची में शर्करा व अम्ल में अनुपात महत्वपूर्ण होता है। ठीक इसी प्रकार रंग की

स्थिरता इन्जाइम की सक्रियता व पी.एच. मान पर निर्भर होती है। स्ट्राबेरी में लगभग 33 प्रतिशत कार्बनिक अम्ल की मात्रा होती है किन्तु फल वृद्धि की सभी अवस्थाओं में साइट्रिक अम्ल, प्राथमिक अम्ल के रूप में पाया जाता है। मैलिक अम्ल न्यूनाधिक मात्रा में पाया जाता है। यह अम्ल फलों की परिपक्वता तक पहुंचते-पहुंचते घटते जाते हैं। सबसे अधिक अम्लता हरे फलों में होती है, जो बाद की अवस्था में कम होती जाती है तथा पकने से पहले तेजी से घटती है। फल में कुल घुलनशील ठोस पदार्थ में स्थिर बढ़ोत्तरी धीरे-धीरे होती है। विकास के दौरान ये पदार्थ छोटे हरे फलों में 5 प्रतिशत तथा पके फलों के विकास के समय 7-12 प्रतिशत तक हो सकते हैं। किन्तु ये किस्म तथा वातावरण कारकों के कारण स्थान विशेष में विभिन्न भी हो सकते हैं। फलों के पकने पर विटामिन 'सी' की मात्रा में बढ़ोत्तरी होती है। स्ट्राबेरी में एक खास प्रकार की सुवास होती है। वैज्ञानिक ऐसा मानते हैं कि लगभग 35 परिवर्तनशील (उड़नशील) पदार्थ स्ट्राबेरी की सुवास में भागीदारी करते हैं। किन्तु, ईथाइल हेक्सानोएट, ईथाइल ब्यूटानोएट, मिथाइल ब्यूटानोएट, मिथाइल हैक्सानोएट, हैक्साइल एसीटेट, मिथाइल प्रोपिओनेट, हैक्सानाइल एसीटेट, फुरानॉन तथा लिनालूल आदि मुख्य परिवर्तनशील (उड़नशील) पदार्थ पके फलों में अधिक मात्रा मे होते हैं। अतः यही उड़नशील पदार्थ आकर्षक सुवास हेतु मुख्यरूप से उत्तरदायी होते है।

3. कार्यिकीय बदलाव

वैज्ञानिक मानते हैं कि यद्यपि, स्ट्राबेरी के फल पकने की प्रक्रिया के दौरान श्वसन की प्रक्रिया प्रदर्शित नहीं करते, तथापि स्ट्राबेरी में श्वसन दर बहुत ज्यादा दिखाई पड़ती है।

फलवृद्धि एवं विकास को प्रभावित करने वाले कारक

स्ट्राबेरी के फलों की वृद्धि तथा विकास प्रक्रिया को कई कारक प्रभावित करते हैं जिनका विवरण निम्नलिखित है-

1. मृदा का प्रकार

पर्याप्त वृद्धि, फल लगने व पकने की प्रक्रियाओं में मृदा एक महत्वपूर्ण कारक है। अच्छे जल निकास वाली, बलुई दोमट मिट्टी में स्ट्राबेरी के पौधे अच्छे पनपते है तथा इनमें आकर्षक रंग, नाप व गुणवत्ता वाले फल लगते हैं। यदि मृदाओं का पी.एच. मान अत्यधिक अधिक या अत्यधिक कम है तो पौधों में पैदा होने वाले फल विभिन्न आकार, रंग तथा प्रायः घटिया गुणवत्ता वाले होते हैं।

2. जलवायु की दशा

स्ट्राबेरी के उत्पादन में जलवायु एक बहुत ही महत्वपूर्ण कारक है। जलवायु के कई कारकों में से प्रकाश तथा तापमान स्ट्राबेरी के लिए अहम भूमिका निभाते हैं। यद्यपि, अब स्ट्राबेरी की किस्मों को विभिन्न जलवायु दशाओं में उगाया जा सकता है, किन्तु सामान्यतः यह शीतोष्ण जलवायु का फल है। ठण्ड़ी जलवायु में स्ट्राबेरी धीरे-धीरे पनपती है तथा फूलने-फलने में ज्यादा समय लेती है। गर्म जलवायु में पौध रोपण के छः महीने बाद की फसल तुड़ाई के लिए तैयार हो जाती है। किन्तु, तुलनात्मक रूप से फल घटिया गुणवत्ता के होते हैं। भूस्तारी की पैदावार केवल ठण्ड़ी जलवायु में ही होती है ना कि गर्म क्षेत्रों में। ठीक इसी प्रकार ठण्ड़े क्षेत्रों में रोपे गये पौधों का जीवनकाल 3-4 वर्षों तक हो सकता है, जबकि गर्म क्षेत्रों मे एक बार ही फलत ली जा सकती है। आद्र दिवस, बादलों के मौसम तथा गर्म रातों मे उगाई गई फसल की अपेक्षा अधिक धूप वाले दिवस तथा ठण्ड़ी रातों में उगाई गई फसलों व फलों में अच्छी सुवास का विकास होता है। फलों का आकार व नाप मृदा तथा पर्यावरण के आपसी सामर्थ्य से भी प्रभावित होता है।

3. पलवार का प्रयोग

जाड़े में पलवार के प्रयोग से पौधों में अगेता पुष्पन होता है तथा अच्छी गुणवत्ता वाले फल पैदा होते है। फलों में अच्छा रंग विकसित होता है तथा फल सड़ने से भी बच जाते हैं। जहां तक संभव हो, पलवार हेतु

स्थान विशेष में उपलब्ध उपयुक्त सस्ती से सस्ती सामग्री का प्रयोग करना चाहिए।

4. पानी की आपूर्ति

स्ट्राबेरी का उथला जड़ तंत्र होने के कारण, कम मात्रा में किन्तु जल्दी-जल्दी पानी की आवश्यकता होती है। अतः सिंचाई की मात्रा तथा बारंबारता पर अच्छी तरह नियंत्रण रखना चाहिए। अधिक सिंचाई से सदैव बचना चाहिए। इसके साथ हमेशा ध्यान रखें कि फलों के अच्छे विकास के लिए उनके विकास के दौरान बार-बार सिंचाई लाभदायक रहती है। किन्तु फसल की पूरी अवधि के दौरान अच्छे जल निकास का प्रबंध भी जरूरी है।

5. पोषण प्रबंधन

फलों की वृद्धि एवं विकास के लिए उचित मात्रा में तथा सही समय पर खाद एवं उर्वरकों का उपयोग जरूरी है। नाइट्रोजन की अधिकता से बचना चाहिए क्योंकि अधिक नाइट्रोजन देने से पौधों की वृद्धि अधिक हो जाती है जो पुष्पन व फलन को प्रभावित करती है। शेष सभी खाद व उर्वरकों को समय-समय पर संस्तुत की गई मात्रा में देना चाहिए। आवश्यकतानुसार सूक्ष्म पोषक तत्वों की आपूर्ति भी जरूरी है।

6. परागक व परागद का प्रावधान

हालांकि स्ट्राबेरी की ज्यादातर किस्में स्वःपरागित हैं तथापि इसके फलों के बनने तथा उनकी वृद्धि के लिए उपयुक्त परागक तथा परागद की आवश्यकता होती है। इसकी व्यावसायिक खेती में सही परागण के लिए मधुमक्खियां जैसे उपयुक्त परागक तथा उचित परागद (अन्य कोई किस्म) का प्रावधान करना आवश्यक है। परागण की सही व्यवस्था न होने पर इसमें विभिन्न आकार के फलों का विकास होता है। परागक तथा परागद दोनों की अनुपलब्धता फल विकास को प्रभावित करती है।

7. फल में बीजों की मात्रा

फल की वृद्धि में उद्दीपक प्रभाव से उनमें बहुत बीजों का विकास होता है। यह संभवत: बीजों में ऑक्जीन हार्मोन की अधिक सान्द्रता होने के कारण होता है। बीजों को आंशिक रूप से हटाने पर असमान्य फलों का विकास होता है। इसलिए फलों के विकास तथा पकने के लिए उनमें न्यूनतम संख्या में बीजों की आवश्यकता होती है।

8. फल का जुड़ाव

गुच्छे में लगे फल का जुड़ाव भी फलों के आकार को प्रभावित करता है। सामान्य रूप से प्राथमिक फल बड़े, जबकि द्वितीय, त्रितीयक फल क्रमश: छोटे होते हैं। यह किस्म विशेष का गुण भी हो सकता है।

9. जैव नियंत्रकों का उपयोग

फलों की वृद्धि तथा विकास पर कई जैव नियंत्रकों का प्रभाव होता है। किन्तु स्ट्राबेरी में फल वृद्धि तथा फलों को पकाने में ऑक्जीन सबसे प्रभावकारी हार्मोन है। वृद्धि कर रहे बीज ऑक्जीन हार्मोन के अच्छे स्रोत होते हैं। बीजों की संख्या या उन्हें हटाना आदि फलों के आकार को प्रभावित करते हैं। निर्मित ऑक्जीन जैसे इण्डोल एसीटिक अम्ल के प्रयोग से पुष्प आकार में वृद्धि कर फल के आकार को बढ़ाता है। जिब्रेलिक अम्ल (50 पी.पी.एम.) भी ऑक्जीन की तरह फलों की वृद्धि तथा उनके पकने को बढ़ावा देता है।

19. हानिकारक कीट, जीव एवं उनकी रोकथाम

स्ट्राबेरी को कई कीट नुकसान पहुंचाते हैं। उनमें से कुछ संसार के प्रत्येक हिस्से में पाए जाते हैं, जहां-जहां स्ट्राबेरी उगाई जाती है। परन्तु इनमें से कुछ किसी विशेष स्थान/क्षेत्र तक ही सीमित हैं। स्ट्राबेरी को नुकसान पहुंचाने वाले प्रमुख कीटों व जीवों का संक्षिप्त विवरण निम्नलिखित है।

हानिकारक कीट-पतंगे

स्ट्राबेरी को कई कीट पौधों के भागों जैसे जड़, तना, पत्तियों, कलियों व फलों को काटकर व खाकर हानि पहंचाते हैं। वैसे तो 50 से ज्यादा ऐसे कीट हैं जो स्ट्राबेरी में पाए गए हैं। परन्तु निम्नलिखित कीट ही अधिक हानिकारक हैं जिनका विवरण दिया जा रहा है।

1. लाल स्पाईडर माईट

यह स्ट्राबेरी को सबसे अधिक हानि पहुंचाने वाला कीट है जो संसार के प्रत्येक हिस्से में, जहां-जहां स्ट्राबेरी की खेती की जाती है वहां पर अधिक मिलता है। ये माईट ईंट जैसे लाल रंग वाले होते हैं जिनकी पीठ पर दो गहरे काले रंग के धब्बे होते हैं। ये प्रौढ़ कीट सर्दियों में मिट्टी, फसल अवशेष तथा कूड़े-करकट में आराम अवस्था में रहते हैं और अप्रैल में जब तापमान बढ़ने लगता है तब ये सक्रिय हो जाते हैं। मादायें पत्तों के नीचे सफेद अण्ड़े देती हैं। इसके निम्फ व प्रौढ़ दोनों ही पत्तियों, फूलों व कलियों से रस चूसकर हानि पहुंचाते हैं, जिससे प्रभावित भाग भूरे रंग के होकर सूखना व गिरना शुरू कर देते हैं जिसके परिणामस्वरूप पौधों की बढ़वार रूक जाती है और पुष्पन व फलत प्रभावित होती हैं। इन कीटों को क्लोरोपाइरीफॉस 20 ई. सी. (2.5 लीटर/है.), एन्डोसल्फॉन 35 ई.सी. (1.5 लीटर/है.), डॉइकोफोल 18.5 ई. सी. (2 मिली. प्रति लीटर पानी में)

व केराथेन (0.5 मिली. प्रति लीटर पानी में) से नियंत्रित किया जा सकता है। इसके अतिरिक्त कुछ कीट परजीवी जैसे *फाइटोस्युलस परसीमीलिस* भी इस माईट को खाते हैं जिससे इनका कुदरती नियंत्रण संभव है।

2. साईक्लामेन माईट

यह संयुक्त राज्य अमेरिका मे स्ट्राबेरी का प्रमुख शत्रु कीट है। ये माईट बहुत छोटे-छोटे कीट होते हैं जिन्हें नग्न आंख से देखना मुश्किल होता है। इनका रंग गहरा पीला होता है और ये तना व छोटी-छोटी मुड़ी हुई पत्तियों में रहते हैं। ये पत्तियों, फूलों व कलियों से रस चूसते हैं। प्रभावित पौधों के तने व पत्तों की बढ़ोत्तरी रूक जाती हैं और पत्तियां तो सिकुड़कर गुच्छे का रूप धारण कर लेती हैं। फलों का आकार भी टेढ़ा-मेढ़ा होकर फलन को भी प्रभावित करता है। वैसे तो यह कीट ग्रीनहाउस में उगाई जाने वाली किस्मों को अधिक प्रभावित करता है, परन्तु खेतों में भी यह कीट हानि पहुंचा सकता है। एक बार यदि यह कीट प्रवेश कर जाए तो फिर इसे पूर्णरूप से नियंत्रित करना बहुत ही मुश्किल होता है। प्रयोगों से पाया गया है कि भूस्तारियों को लगाने से पहले उन्हें 44 डिग्री सेंटीग्रेड़ तापमान पर गर्म पानी से 10-20 मिनट तक उपचारित किया जाए तो ये कीट मर जाते हैं और आगे जाकर हानि की संभावना कम हो जाती है।

3. स्ट्राबेरी माइट

यह कीट गर्म क्षेत्रों में समस्या पैदा करता है, जो कि नई युवा पत्तियों को खाता है। यह कीट पत्तियों का रस चूसकर नुकसान पहुंचाता हैं, परिणामस्वरूप पत्तियों पर खुरदरे जंग के रंग जैसे धब्बे तथा किनारों में सिकुड़न हो जाती है। इसके नियंत्रण के लिए एण्डोसल्फान 35 ई.सी. कीटनाशी दवा की 1.5 लीटर मात्रा को 700-750 लीटर पानी में घोल बनाकर 10-12 दिन के अन्तराल दो छिड़काव करें।

4. फूलों का घुन (वीवल)

फूलों के घुन को कई देशों में हाथी घुन भी कहते हैं। ये घुन मटमैले काले रंग के होते हैं जो फूलों की कलियों में अण्ड़े देते हैं। प्रौढ़ जब बढ़ते हैं तो वे फूलों की कलियां तथा उनके डण्ठलों को काटकर उनमें छोटे-छोटे छेद कर देते हैं जिसके परिणामस्वरूप फूल सूखकर मर जाते हैं। इन कीटों को डेल्टामेथरिन 2.8 ई. सी. (2 मिली. प्रति लीटर पानी में) या फेनवेलरेट 20 ई. सी. (2 मिली. प्रति लीटर पानी में) के घोल का फूल आने से पहले छिड़काव करके ही आसानी से नियंत्रित किया जा सकता है।

5. जड़ों का घुन

यह एक ऐसा घुन है जिसमें पंख नहीं होते। इन कीटों के युवा, प्रौढ़ कीटों की अपेक्षा अधिक हानि पहुंचाते हैं। टांग रहित सूंडियों अधिकतर शरद व बसन्त ऋतु में पौधों की जड़ों व तनों में छोटी-छोटी सुरंगे बनाती हैं जिसके परिणामस्वरूप पौधे सूखकर गिर जाते हैं। प्रौढ़ अधिकतर पत्तियों को रात में ही खाते हैं। कार्बोफ्यूरॉन 3 जी (18-20 कि.ग्रा./ है.), मिथाइल पेराथियॉन (2 मिली. प्रति लीटर पानी में) आदि कीटनाशियों को पौधों के जड़ों के पास छिड़कने से कीटों की संख्या को नियंत्रित कर इन कीटों द्वारा की जाने वाली हानि से बचा जा सकता है। इस कीट को एक सूत्रकृमि भी खाता है परन्तु यह सूत्रकृमि सम्पूर्ण रूप से तभी प्रभावी होता है जब मिट्टी गीली हो और तापमान 12 डिग्री सेंटीग्रेड से अधिक हो।

6. सफेद सूंडी/सफेद लट

कभी-कभी सफेद सूंडी भी काफी नुकसान पहुंचाती है। इसके डिंब सफेद रंग के होते हैं जिनके सिर भूरे होते हैं। ये अक्सर कुण्डली मार कर बैठे रहते हैं। ये कीट अधिकतर रात को पौधों की जड़ों को काट देते हैं और सुबह होते ही पौधा मर जाता है। पौधों के तनों को क्लोरोपाइरीफॉस 20 ई. सी. (0.3 मिली. प्रति लीटर पानी में) के घोल से भिगो देने से यह कीट नियंत्रित किया जा सकता है। इसके अतिरिक्त मुर्गियां भी इस कीट

को खूब खाती हैं और यदि मुर्गियों को स्ट्राबेरी के खेतों में छोड़ दिया जाए तो वे इन कीटों की संख्या को काफी हद तक नियंत्रित करती हैं।

7. पत्ती लपेटक कीट

स्ट्राबेरी में कई प्रकार के पत्ती लपेटक कीट हानि पहुंचाते हैं। इसके पतंगे भूरे से लाल रंग के होते हैं। जो कि पत्तियों में छोटे-छोटे अण्ड़े देते हैं। अण्ड़ों में से सूंडी निकलकर पत्ती को लपेट लेती है और वही रहकर अन्दर ही अन्दर पत्ती की बाहरी सतह (तह) को खाती रहती है। लगातार खाने से पत्ती भूरी हो जाती है और यह मर जाती है। पत्ती लपेटक कीट को नियंत्रण के लिए शुरू की अवस्था में (अगस्त-सितम्बर) एण्डोसल्फान 35 ई.सी. की 1.5 लीटर दवा प्रति हैक्टेयर की दर से 15 दिन के अन्तराल पर दो छिड़काव करें। एक हैक्टेयर क्षेत्रफल के लिए 800-900 लीटर पानी पर्याप्त रहता है।

8. थ्रिप्स

ये छोटे-छोटे कीट होते हैं जिनके निम्फ एवं प्रौढ़ दोनों ही पौधों के कोमल भागों, पत्तियों, कलियों एवं फूलों के डण्ठलों से रस चूसकर हानि पहुंचाते हैं। ये कीट सर्दियों की अपेक्षा बसन्त के अन्त में अधिक हानि पहुंचाते हैं। यदि इनकी संख्या अधिक हो तो फल टेढ़े-मेढ़े व भद्दे तैयार होते हैं जिससे किसान को बहुत आर्थिक नुकसान उठाना पड़ता है। प्रभावकारी नियंत्रण के लिए सर्वांगीण कीटनाशी (दैहिक विष) जैसे डेल्टामेथ्रिन 2.8 ई. सी. (2 मिली. प्रति लीटर पानी में) या साइपरमेथ्रिन 10 ई. सी0 (1.5 मिली. प्रति लीटर पानी में) के घोल को पुष्पन से पहले छिड़काव करने से थ्रिप्स की संख्या में कमी लाकर फसल में बढ़ोत्तरी की जा सकती है।

9. मंलीन पौध मत्कुण (टार्निस प्लांट बग)

यह तांविया हल्के भूरे रंग का कीट होता है जो पत्तियों व फूलों के डण्ठलों से रस चूसकर हानि पहुंचाते हैं। इसके अतिरिक्त प्रौढ़ फलों में छिद्र भी कर देते हैं जिससे फलों के आकार व रंग में बदलाव के

अलावा उनके पकने में भी मुश्किल आती है। कभी-कभी ये कीट फलों के बीजों को भी खा जाते हैं। इस कीट के नियंत्रण हेतु एण्ड़ोसल्फान 35 ई.सी. (0.02 प्रतिशत घोल) का छिड़काव ही सबसे अच्छा उपाय है। पलवार के प्रयोग से भी इन कीटों की संख्या नुकसान स्तर से कम रहती है।

10. पत्ती फुदका कीट (लीफ हॉपर)

फुदका (हॉपर) पत्तियों व फूलों की कलियों से रस चूसते हैं। प्रभावित पत्तियां पीली पड़कर किनारों से ऊपर की ओर मुड़ जाती हैं। हॉपर मुख्यतः विषाणुओं को एक पौधे से दूसरे पौधे तक ले जाने में रोग संवाहक का काम करते हैं। रोगोर 30 ई.सी. (0.5 मिली. प्रति लीटर पानी में) या मेटासिस्टॉक्स (1.5 मिली. प्रति लीटर पानी में) कीटनाशियों के घोल के एक छिड़काव से इन कीटों को नियंत्रित करता हैं।

अन्य हानिकारक जीव

1. सूत्रकृमि

सूत्रकृमि बारीक धागेनुमा जीव होते हैं जिन्हें नंगी आंखों से देखना काफी कठिन होता है। ये स्ट्राबेरी को काफी क्षति पहुंचाते हैं। ये दोमट (मृतिका) की अपेक्षा रेतीली मिट्टी में पौधों को अधिक हानि पहुंचाते हैं। कुछ सूत्रकृमि जड़ों को हानि पहुंचाते हैं। परन्तु कुछ बाह्य भागों जैसे कलियों और पत्तियों को भी नुकसान करते हैं। वैसे तो सूत्रकृमियों की कई जातियां हानि पहुंचाती हैं परन्तु मुख्यतः जड़-गांठ सूत्रकृमि (*मेलोइडोगाइनी* स्पीसीज) व डंक सूत्रकृमि (स्टिंग निमानोड़) प्रमुख हैं। इन्हें थीमेट, टेमिक, कार्बोफ्यूरॉन 3 जी आदि कीटनाशियों के भूमि में प्रयोग से नियंत्रित किया जा सकता है।

2. घोंघे

कई स्थानों पर घोंघे भी स्ट्राबेरी को काफी हानि पहुंचाते हैं। ये मुख्यतः पत्तियों एवं फलों को काटते हैं और उन पर चिपचिपा पदार्थ

छोड़ते हैं। ये बरसात के दिनों में अधिकाधिक संख्या में होते हैं और रात्रि में अधिक हानि पहुंचाते हैं। इन्हें नियंत्रित करने हेतु साधारण नमक का छिड़काव सबसे अधिक कारगार है। इसके अतिरिक्त मेटलएल्डीहाईड़ का छिड़काव भी लाभदायक रहता है।

3. पक्षी

विभिन्न पक्षी जैसे मैना, तोते, मोर आदि स्ट्राबेरी के बहुत बड़े दुश्मन हैं। ये पक्षी मुख्यतः फल पकने के समय फल के लाल रंग की ओर आकर्षित होते हैं। वैज्ञानिकों का अनुमान है कि पक्षियों द्वारा स्ट्राबेरी को कीट-पतंगों एवं रोगों से भी अधिक हानि पहुंचाई जाती है। पक्षियों से होने वाली क्षति को खेतों में चमकीले फीते (रीवन) लगाकर, ढ़ोल-नगाड़ें बजाकर या पटाखे चलाकर आदि से कम किया जा सकता है। परन्तु पक्षी बहुत ही चालाक होते हैं और एक किसी तरीके का लगातार प्रयोग करने को वह समझ जाते हैं और फिर पुनः खेतों में हानि पहुंचाना शुरू कर देते है। अतः सबसे आसान तरीका है कि खेतों के ऊपर नाइलोन का जाल लगा दें।

4. खरगोश

खरगोश भी स्ट्राबेरी के खेतों में छोटे-छोटे पौधों को खाकर एवं काटकर नष्ट कर देते हैं। अतः हमारी सलाह है कि उन क्षेत्रों में खरगोश से बचने हेतु जाली का प्रयोग करें।

20. प्रमुख रोग एवं उनकी रोकथाम

कीटों की भांति, स्ट्राबेरी की जड़ों, तनों, पत्तों व फलों में कई रोग लगते है जिससे इसकी खेती को बहुत हानि होती है। इन रोगों के लक्षण एवं रोकथाम के बारे में संक्षिप्त विवरण निम्नलिखित है।

अ. पत्तियों के रोग

1. पत्ती धब्बा रोग

स्ट्राबेरी की पत्तियों को लगने वाले विभिन्न रोगों में शायद धब्बा रोग सबसे अधिक हानि पहुंचाता है। यह *माईक्रोस्फेरिल्ला फ्रेगराई* नामक कवक द्वारा फैलता है। इस रोग में पत्तियों में छोटे-छोटे गोल धब्बे पड़ते हैं जो बीच में सफेद व किनारों पर नील लोहित रंग के होते हैं। पत्तों में अधिकाधिक आक्रमण होने पर पौधे बौने हो जाते हैं। यह रोग वर्षा ऋतु में जब मौसम में आर्द्रता काफी अधिक होती है, अधिक होता है। इस रोग से बचने हेतु निम्नलिखित उपाय करें-

- खेतों में सफाई का विशेष ध्यान रखें।
- जिन क्षेत्रों में इस रोग का अधिक प्रकोप हो, वहां रोगरोधी किस्मों जैसे फयरफैक्स, अरोमा, रेड़स्टार, टैम्पल या स्योरक्रॉप को ही लगाएं।
- ग्रसित भागों, खासकर पत्तियों को इकट्ठा करके जला दें या दबा दें।
- पौधों की बढ़वार के दौरान बोर्डों मिश्रण (1 प्रतिशत घोल) या डाईथेन एम-45 (2 ग्राम/लीटर पानी में घोलकर) या डाईफोल्टान के 15 दिन के अन्तराल पर 2-3 छिड़काव करें।
- डाईथेन एम-45 या डाईफोल्टान के दो छिड़कावों के बीच में कार्बेन्डाजिम 50 प्रतिशत डब्ल्यू.पी. (एक ग्राम/लीटर पानी का घोल) का एक छिड़काव अवश्य करें

2. पत्ती झुलसा (लीफ स्कार्च) रोग

यह स्ट्राबेरी के पत्तों का दूसरा भयानक रोग है जो *डिप्लोकारपोन अरलियाना* नामक फफूंदी द्वारा फैलता है। यह रोग मध्यम ऊंचाई वाले पहाड़ी क्षेत्रों में अप्रैल-मई में काफी भयानक रूप धारण कर लेता है। इस रोग में पत्तियों के नीचे की सतह में काफी संख्या में छोटे-छोटे धब्बे बन जाते हैं जिनका बाहरी हिस्सा पीले रंग का होता है। ये धब्बे धीरे-धीरे बढ़ते हैं और सारी पत्ती पर फैल जाते हैं। इस रोग को कवकनाशियों के छिड़काव द्वारा नियंत्रित करना कठिन होता है, क्योंकि कवक का आक्रमण पत्तियों की नीचे की सतह में होता हैं। अतः सहनशील किस्मों जैसे हॉवर्ड-17, स्योरक्रॉप, रॉकस्किल, कैटस्किल और सनराईज आदि को उगाना ही लाभदायक रहता है।

3. सफेद चूर्णी रोग

यह रोग स्ट्राबेरी को संसार के प्रत्येक हिस्से में सूखे के दौरान ग्रसित कर सकता है। यह रोग *स्पैरोथीका मैकुलेरिस* नामक कवक द्वारा फैलता है। यह कवक पत्तियों की बाहरी सतह को खत्म कर देता है जिसके परिणामस्वरूप पत्तियां ऊपर की ओर मुड़ जाती हैं। जैसे-जैसे फफूंदी का आक्रमण बढ़ता जाता है, पत्तियों की नीचे की सतह लाल हो कर मर जाती है और फूलों व फलों का बनना अत्यधिक प्रभावित होता है। फफूंदी धीरे-धीरे फूलों के डण्ठलों तथा फूलों व फलों पर आक्रमण करती है जिस कारण उन पर फफूंदी की सफेद तह जम जाती है। परिणामस्वरूप फूलों का सूखना व फलों का गिरना शुरू हो जाता है। इस रोग को मई व सितम्बर के बीच बेटिलोन या केराथेन (0.05 प्रतिशत घोल) के 10 से 15 दिन के अन्तराल पर 2-3 छिड़काव से नियंत्रित किया जा सकता है। सल्फर तथा ताम्र कवकनाशी भी सफेद चूर्णी रोग के संक्रमण को रोकते हैं। कैटस्किल, डनलोप, क्लोनडाईक, मार्शल व स्पार्कल आदि जानी पहचानी सफेद चूर्णी रोगरोधी किस्में हैं जिन्हें अधिकाधिक लगाया जाना चाहिए।

4. पत्ती झुलसा (लीफ ब्लाईट) रोग

स्ट्राबेरी की पत्तियों के विभिन्न रोगों में ब्लाईट रोग सबसे कम हानि पहुंचाता है परन्तु कई क्षेत्रों में यह बहुत हानिकारक भी हो सकता है। यह रोग *डेन्डरोफोमा ओवस्कुरन्ज* फफूंदी द्वारा फैलाया जाता है। झुलसा रोग में पत्तियों पर पहले नील लोहित रंग के दाग पड़ते हैं जो बाद में गहरे भूरे हो जाते हैं जिनके किनारों पर बैंगनी गोल धब्बा बन जाता है। अक्सर पत्तियों के किनारों की तरफ "V" आकार के धब्बे भी दिखाई पड़ते हैं। अर्लीडॉउन व हावर्ड़-17 रोगरोधी किस्में हैं, जिन्हें प्रभावित क्षेत्रों में अधिकाधिक लगाना चाहिए।

ब. जड़ों के रोग

1. रैड़स्टीली (जड़ सड़न रोग)

यह ठण्ड़ी जलवायु, नम व कम जल निकास वाली मिट्टी में होने वाला भयानक रोग है जो अक्सर शरद ॠतु के अन्तिम पड़ाव या बसन्त ॠतु के शुरूआत में आक्रमण करता है। इसे 'रेड कोर' या 'ब्राउन कोर' भी कहते हैं। यह *फाईटोफ्थोरा फ्रेगराई* नामक फफूंद द्वारा फैलाया जाता है। इस रोग में फफूंदी स्ट्राबेरी की जड़ों के बीच के हिस्सों में घुस जाती है। जिस कारण उनका भीतरी भाग लाल होकर सड़ जाता है। यदि मौसम शुष्क हो तो पौधे फूलने से पहले की मर जाते हैं परन्तु नम मौसम में उनमें फूल तो आ जाते हैं परन्तु फल पकने से पहले मर जाते हैं। प्रभावित पौधे शुरू में ढ़ीले दिखते हैं जो बाद में नीले होकर कुछ दिनों में मर जाते हैं। रेतीली मिट्टी जिसमें जल निकास की अच्छी व्यवस्था होती है, में इस रोग की सम्भावना नहीं के बराबर होती है। एक पौधे से दूसरे पौधे में यह रोग सिंचाई के पानी, मशीनों, औजारों या ग्रसित पौधों द्वारा फैलता है। इस रोग को फैलाने वाले फफूंद की 5 प्रजातियां हैं जिनकी पौधों को ग्रसित करने की विभिन्न क्षमता होती है। यही कारण है कि एक किस्म यदि किसी विशेष स्थान में इस रोग के प्रति सहनशील है तो दूसरे में यह ग्रहणशील भी हो सकती है। टैम्पल, फेयरचाईल्ड़, रेडग्लो, क्लाईमैक्स,

मार्शल, लिटिल स्कारलेट आदि प्रमुख रोगरोधी किस्में हैं, जिन्हें प्रभावित क्षेत्रों में लगाना चाहिए।

इस रोग से बचने हेतु जल निकास की उचित व्यवस्था, उचित फसल चक्र, मेंढ़ों पर रोपण एवं सहनशील किस्मों को लगाना आदि अच्छा रहता है। मिट्टी का रिड़ोमिल द्वारा एवं पौधों को रोपण से पहले 15-20 मिनट के लिए बोर्ड़ो मिश्रण (1 प्रतिशत घोल) या कॉपर आक्सीक्लोराइड़ (0.1 प्रतिशत घोल) से उपचार द्वारा रैड़स्टीली के प्रकोप को कम किया जा सकता है।

2. उक्ठा रोग

यह भूमि जनित रोग है जो कि *वरटीसिलियम अटरम* फफूंद द्वारा ठण्ड़े मौसम में फैलता है। फफूंद सबसे पहले जड़ों में प्रवेश कर संवाहक ऊतकों को ग्रसित कर पानी और पोषक तत्वों की आपूर्ति में बाधा पहुंचाता है। इस रोग के प्रमुख लक्षणों में सबसे पहले संवाहक ऊतकों का शीर्ष से भूरा होना होता है। इसके फलस्वरूप पत्ते किनारों से सूखकर लाल से गहरे भूरे रंग के हो जाते हैं। प्रभावित पौधों में कुछ ही पत्तियां आती हैं और वे बौनी होकर ऊपर ही तरफ मुड़ जाती हैं। बीच की युवा पत्तियां छोटी होती हैं। जो नई जड़ें बनती हैं उनके अग्रभाग काले पड़ जाते हैं और प्रभावित पौधे धीरे- धीरे सूख जाते हैं। रैड़स्टीली पैदा करने वाले फफूंद की तरह उक्ठा रोग पैदा करने वाले फफूंद की भी कई जातियां होती हैं। अक्सर यह पाया गया है कि यह फफूंद *सोलेनेसी* कुल के कई पौधों जैसे आलू, टमाटर, बैंगन, मिर्च आदि को भी ग्रसित करता है। अतः यह सलाह दी जाती है कि स्ट्राबेरी को उन खेतों में कभी न लगाएं जहां पर पहले से इन सब्जियों की खेती की जा रही हो। क्योंकि यह फफूंद यदि किसी मिट्टी में आ जाए तो यह 20-25 वर्षों तक जिन्दा रह सकता है। अतः किसी धूमक से मृदा धूमन ही इस फफूंद से बचने का सबसे बढ़िया तरीका है। इसके अतिरिक्त उचित फसल चक्र व सहनशील किस्मों जैसे हॉवर्ड़-17, कैटस्किल, मार्शल, सेंगा सेंगाना आदि का रोपण करके भी इस रोग से बचा जा सकता है।

स. फलों के रोग

फल सड़न रोग

यह खेत में व भण्ड़ारण में फलों का सबसे भयानक रोग है जो *वोटराईटिस सिनेरिया* फफूंद द्वारा फैलाया जाता है। इस रोग में सबसे पहले हरे व पकने वाले फलों में मुलायम व छोटे-छोटे हल्के भूरे रंग के दाग पड़ते हैं जो धीरे-धीरे बढ़ते हैं। जहां धब्बे पड़ते हैं फल उस क्षेत्र से कठोर होकर सूख जाते हैं। कभी-कभी फल पूरी तरह से सड़ जाते हैं। ऐसा अनुमान है कि कभी-कभी कुल उत्पादन का 50 प्रतिशत हिस्सा इस रोग द्वारा ही नष्ट किया जाता है। यह पाया गया है कि भण्ड़ारण या परिवहन के दौरान एक ग्रसित फल भी बाकी सभी फलों को नष्ट कर सकता है। इस रोग के प्रकोप को निम्नलिखित उपायों द्वारा कम किया जा सकता है-

- जहां तक संभव हो, फल मिट्टी को ना छूने पाएं।
- किसी योग्य मल्च (पलवार) का प्रयोग करें।
- नाईट्रोजन की अधिक मात्रा के प्रयोग से बचें।
- अधिकाधिक पानी के प्रयोग से बचें।
- पानी फलों को न छूने पाए।
- जल निकास का उचित प्रबंध करें।
- खेतों में सफाई का ध्यान रखें।
- फूलों को खिलने के बाद कार्बेन्डाजिम (0.02 प्रतिशत घोल) या केप्टान (0.05 प्रतिशत घोल) या थीरम (0.05 प्रतिशत घोल) का छिड़काव करें।
- भण्ड़ारण या वहन से पहले सभी ग्रसित फलों को निकाल दें।
- फलों की पैकिंग ढंग से व अच्छे पात्र में करें।

द. विषाणु रोग

स्ट्राबेरी में तरह-तरह के विषाणु रोग भी लगते हैं और काफी हानि पहुंचाते हैं। ये रोग अधिकतर कीटों द्वारा विषाणुओं के संवाहन द्वारा फैलाएं जाते हैं जिनमें प्रमुख माहू, फुदका व सफेद मक्खी आदि हैं। विषाणु रोगों को नियंत्रित करने हेतु कीटों को नियंत्रण करना जरूरी है। इन कीटों के नियंत्रण से पहले खेत में जो पौधा विषाणु रोग से ग्रस्त हो उसे निकालकर जमीन में गाढ़ दें या जला दें। इसके बाद हॉपर, सफेद मक्खी व माहू के नियंत्रण हेतु रोगोर 30 ई.सी. (0.03 प्रतिशत घोल) या मेटासिस्टॉक्स (0.02 प्रतिशत घोल) के दो छिड़काव काफी होते हैं। इसके अतिरिक्त उचित फसलचक्र भी प्रभावशाली रहता है।

कीट पतंगों व रोगों को क्रमशः कीटनाशियों या फफूंदीनाशकों द्वारा नियंत्रित करना एक बहुत मुश्किल काम है क्योंकि इसमें जहां पैसा खर्च होता है वहीं इन दवाईयों के अवशेष मानव जाति को काफी हानिकारक होते हैं। अतः सहनशील किस्मों का विकास व उनका प्रयोग ही सबसे अच्छा हल है। सारणी 7 व 8 में कुछ ऐसी ही किस्मों के बारें में जानकारी दी गई है जो भविष्य में कीट या विशेष रोगरोधी नई किस्मों के विकास में नर या मादा के रूप में प्रयोग में लाई जा सकती हैं।

सारणी 7. प्रमुख रोगों तथा क्रियात्मक विकारों की प्रतिरोधी स्ट्राबेरी की कुछ किस्में

रोग/विकार	प्रतिरोधी किस्में
1. रेमूलेरिया पत्ती धब्बा	अरोमा, हॉवर्ड-17, फैअर फैक्स, मिडलैण्ड, ब्लैकमोर, स्योरक्रोप, टैम्पल, अलब्रिटॉन, हैडलाइनर, लासेन, वेलेन्टाइन, रेडस्टार, एम्पायर, साइक्लोन, क्लोनमोर, हूड, तांगी, मिसनरी आदि।
2. लीफ स्कार्च (पत्ती झुलसा)	हॉवर्ड-17, डोरसेट, रॉकहिल, फेअरफैक्स, एम्पायर, कैटस्किल, डिक्सीलैण्ड, फ्लैचर,

	जनेवा, टेम्पटर, सनराइज, मिडलैण्ड, ब्लैकमोर, रेडस्टार, टैम्पल, अलब्रिटॉन, हैडलाइनर, लासेन, वेलेन्टाइन, एम्पायर।
3. लीफ ब्लाइट	अर्ली डाऊन एवं हॉवर्ड-17 आदि।
4. सफेद चूर्णी रोग	कैटस्किल, स्योरक्रॉप, लासेन, बेलेन्टाइन, कोलंबिया, एम्पायर, स्पाकल, फ्लोरिडा नाईन्टी, मार्शल, ओरलैंड, गोरेला, कैम्ब्रिज फेवरिट आदि।
5. बरटीसिलियम विल्ट (उक्ठा)	वरमिलोन, क्लाईमैक्स, टैम्पल, आल स्टार, डिलाईट, लेस्टार, गार्डियन, हैक्कर, हूड, सिल्टेज, कैटस्किल, सनराईज, रोबिंसन, हॉवर्ड-17, मार्शल, जैम, सेंगासेंगांना, जुपसा, सियरा, लेटग्लो, ट्रिब्यूट, ट्राईस्टार, टोटेम, मिडवे, अर्लीग्लो आदि।
6. रैडस्टीली (लाल जड़ सड़न)	मिडवे, मार्शल, गोरिल्ला, स्पार्कल, सनराईज, सिल्टेज, डी-नोरटे, क्लाईमैक्स, रैडगाउन्टलेट, लिटिस्कारलेट, लावो, टैम्पलर, स्योरक्रॉप, रैडचीफ, क्रुसादर आदि।
7. विषाणु रोगरोधिता	हॉवर्ड-17, नॉर्थवेस्ट, फेअरलैंड, ब्लैकमोर, तेनीसब्यूटी, सिल्टेज, क्लोंडाईक, मिशनरी, रोबिंसन, शास्ता, टियोगा, टैम्पल, पुगेट ब्यूटी, कोलम्बिया, चीअम, टोटेम, डिलाइट, अर्लीडाऊन, रारीटान, रैडस्टार, ट्राईस्टार, जैम आदि।
8. बाट्रयटिस सडन रोग (फल सड़न)	अर्लीग्लो तथा टाई आदि।
9. काला सडन	सिल्टेज।
10. फल सड़न	सोलाना, कोलम्बिया, कासकेड, मोलाला, जुकुम्बा, जुस्पा, वेलेन्टाईन, सेंगा

	प्रिकोसा आदि।
11. चितकबरापन	मार्शल, लासेन, क्लोन्डायक, सुवानी आदि।
12. संपट्टन (फेसीएसन)	ब्लैकमोर, मिशनरी, कलोंडाईक आदि।

सारणी 8. कीट एवं सूत्रकृमि के प्रति सहनशील स्ट्राबेरी की कुछ किस्में

कीट, सूत्रकृमि	किस्में
1. स्ट्राबेरी चैंपा	डी नोरटे, याक्युना, बेनटान।
2. बीविल (भृंग)	टोटेम, चीअम, *फ्रेगेरिया चाइलोंसिस* से उत्पन्न किस्में।
3. दो धब्बे वाली माइट	मार्शल, अलिसा, अपोलो, लासेन, कार्डीनल, कोमेट, ब्लैकमोर, सिल्टेज, स्टेलमास्टर, मुइर, इत्यादि।
4. जड़ ग्रन्थि सूत्रकृमि	फ्रेसना तथा टोरे।

21. क्रियात्मक विकार एवं उनका प्रबंधन

कीट-पतंगों व रोगों के अतिरिक्त स्ट्राबेरी के पौधों एवं फलों में कुछ क्रियात्मक विकार लगते हैं जो इसकी खेती को अनाकर्षक व कम लाभदायक बनाते हैं। कुछ प्रमुख क्रियात्मक विकारें के कारणों, लक्षणों एवं उनके समाधानों के उपायों का संक्षिप्त विवरण निम्नलिखित है-

1. संपट्टन (फेसिएशन)

फलों के डण्ठलों व पौधों का असमान्य रूप (विरूपता) से बढ़कर झाड़ीनुमा रूप धारण कर लेना स्ट्राबेरी में एक समस्या है, जिसे साधारणतः फेसिएशन कहते हैं। फेसिएशन से प्रभावित पौधे ना के बराबर बाजार के योग्य फल पैदा करते हैं तथा भूस्तारी तो बनाते ही नहीं हैं। यह समस्या अक्सर पौधों में तब आती है जब उनकी बढ़वार हेतु वातावरण में दशाएं अनुकूल नहीं होती हैं। अनुभव बताते हैं कि जब दिन अधिकाधिक छोटे होते हैं तो यह समस्या और भी विकट रूप धारण करती है। ऐसी स्थिति में पौधों का विकास ठीक से नहीं होता और वे झाड़ीनुमा रूप धारण कर लेते हैं।

फेसिएशन में कलिकाएं असाधारण रूप से चौड़ी हो जाती हैं और उनमें कभी-कभी एक भी फल नहीं लगता। जो फल बनते भी हैं वे एक मुर्गे की कलगी जैसा रूप धारण कर लेते हैं। वैज्ञानिकों का मत है कि फेसिएशन विकार एक किस्म विशेष का गुण है क्योंकि कुछ किस्मों (जैसे मिशनरी व ब्लैकमोर) में यह समस्या कभी नहीं आती। ये समस्या कीटों व रोगों के आक्रमण, परागण की कमी तथा अधिक आर्द्रता व पाले के कारण भी हो सकती है। पौधों की सही देखभाल, उचित परागद और खेतों में मधुमक्खियों के कुछ बक्से रखने से यह समस्या कम हो जाती है।

2. फलों की कुरचना

स्ट्राबेरी की जानी पहचानी किस्मों में भी कभी-कभी बेरूप फल देखे जा सकते हैं। जैसा कि नाम से विदित है, इस विकार में फल की शक्ल विकृत हो जाती है। प्रायः यह देखा गया है कि प्राथमिक व द्वितीयक फूलों द्वारा तैयार फलों में यह समस्या त्रितीयक व चतुर्थक फूलों द्वारा तैयार फलों की अपेक्षा अधिक पाई जाती है।

फलों की कुरचना के लिए कई कारण बताएं गए हैं, परन्तु पौधों की बढ़वार, नाइट्रोजन की अधिक मात्रा, अपर्याप्त परागण और वृद्धि नियामकों की कमी आदि ही प्रमुख कारण हैं। अतः इससे बचने हेतु निम्नलिखित उपाय करें-

- मध्यम बढ़वार वाले पौधे लगाऐं।
- पौधों में अधिक नाइट्रोजन न दें।
- परागण हेतु मधुमक्खियों के कम से कम 4-5 बक्से/है. अवश्य रखें।
- मुख्य किस्म के साथ कुछ दूसरी किस्मों के पौधों भी लगाएं।
- ऐसी किस्में (मिशनरी व ब्लैकमोर) लगाएं जिनमें यह समस्या कम होती है।

3. फाइलोड़ी (पर्णामता)

यह स्ट्राबेरी के फूल व फलों की मुख्य विकृति है जो माइकोप्लाजा जीवाणुओं द्वारा फैलाई जाती है। इस विकार में फूल व फल असाधारण रूप से चौड़े हो जाते हैं। प्रभावित फूल खुलते ही नहीं हैं और यदि खुल भी जाएं तो उनमें फल नहीं के बराबर लगते हैं। प्रभावित फूलों की पंखुड़ियां मोटी हो जाती हैं और उनमें रंग भी कम आता है। इस विकार को नियंत्रित करना बहुत कठिन होता है। अतः रोगग्रसित पौधों को जड़ सहित उखाड़कर जला या दबा देना चाहिए।

4. रंजकहीनता

यह स्ट्राबेरी के फलों के पकने के समय का सबसे भयानक विकार है। यह विकार अधिकतर ग्रीनहाऊस में उगाई जाने वाली किस्मों

में अधिक पाया जाता है। यही कारण है कि अमेरिका, बेल्जियम, नीदरलैंड आदि देशों में ही यह विकार मुख्य रूप से पाया जाता है। इस विकार से प्रभावित फलों में लाल रंग की अपेक्षा सफेद रंग आता है। फल हल्के भार व कम स्वाद के होते हैं। ये फल आकार में तो सामान्य होते हैं परन्तु अच्छी तरह से नहीं पकते। ऐसे फलों को बाजार में बेचना कठिन होता है और यदि बिक भी जाएं तो इनकी कीमत कम मिलती है। वहन के दौरान इन प्रभावित फलों में फल सड़न रोग अत्यधिक भय रहता है। प्रयोगों से यह पता चला है कि यह विकार रेतीली मिट्टी, जिसका पी.एच. मान कम हो तथा उसमें नाइट्रोजन, पोटाश व कैल्शियम की मात्रा अधिक हो, में अधिक लगता है। भारतीय कृषि अनुसंधान संस्थान, नई दिल्ली में किए गए अनुसंधान कार्यों से पता चलता है कि अधिक बढ़वार वाले पौधे भी अधिक रंजकहीनता वाले फल पैदा करते हैं।

इस विकार का प्रकोप और भी अधिक होता है यदि गर्म जलवायु वाले क्षेत्रों में काली पॉलिथीन मल्च (पलवार) का प्रयोग किया जाए। इसके अतिरिक्त यह किस्म विशेष का गुण भी हो सकता है क्योंकि एल्सांटा किस्म में यह विकार अधिकाधिक पाया जाता है, हालांकि डॉरस्लेक्ट, इरोज, आईड़िया, डॉस्टेल्ला आदि में भी यह समस्या आती है पर प्रकोप एल्सांटा से कम ही होता है। इस विकार से बचने हेतु निम्नलिखित उपाय कारगर साबित हुए हैं-

- सुयोग्य किस्म का चुनाव करें।
- सघन बागवानी से बचें।
- अधिकाधिक नाइट्रोजन व पोटाश के प्रयोग से बचें।
- पानी की बारम्बारता पर नियंत्रण रखें।
- जहां तक संभव हो, गर्म क्षेत्रों में पलवार हेतु काली पॉलिथीन का प्रयोग न करें। ऐसे क्षेत्रों में घास या धान के पुआल का प्रयोग करें।

22. तुड़ाई व उपज

स्ट्राबेरी में फलों की तुड़ाई एक महत्वपूर्ण क्रिया है। तुड़ाई का समय किस्म विशेष, क्षेत्र, मौसम व बाजार की मांग पर निर्भर करता है। गर्म इलाकों मे फल मार्च-अप्रैल में पककर तैयार हो जाते हैं, परन्तु ठण्ड़े क्षेत्रों में यह जून के मध्य तक ही तैयार हो पाते हैं। फलों को साधारणतः उस समय तोड़ा जाना चाहिए जब उनके तीन चौथाई हिस्से में लाल रंग आ चुका हो। दूर-दराज के बाजार हेतु फलों को उस समय भी तोड़ लिया जाता है जब वे हरे, सफेद या सख्त हों। पूर्णरूप से पके फलों की तुड़ाई में जरा सी देरी भी किसान को बहुत हानि पहुंचा सकती है, क्योंकि फल अत्यधिक मुलायम होने के कारण इनके सड़ने का भय रहता है।

गर्मी के मौसम में फल प्रत्येक दिन व ठण्ड़े मौसम में सप्ताह में दो-तीन बार तोड़ने चाहिए। कम रंग वाले हरे फलों की बाजार में खरीद नहीं हो पाती। अतः हरे या सफेद फलों में अच्छा रंग लाने के लिए उन्हें 25 सेंटीमीटर ताप़मान पर 40 से 42 घण्टों तक उपचारित करना चाहिए। साधारणतः यदि फलों में 50 प्रतिशत तक रंग आने की दशा में उन्हें तोड़ लिया जाए तो वे छोटे रह जाते हैं व उनमें स्वाद व सुस्वाद दोनों कम होते हैं। ताजी मार्केट हेतु तुड़ाई के समय फलों में कम से कम 0.7-1.3 सेमी. तना व बाह्य दल पुंज/हरी पत्तियों (सैफल) को रहने दें। ये देखने में सुन्दर व आर्कषक लगती हैं। ऐसा करने के लिए फलों को हरी पत्तियों के समीप हाथ से मरोड़ देना चाहिए। यदि फलों का प्रयोग प्रसंस्करण हेतु करना है तो फलों को ऐसे तोड़ना चाहिए ताकि उनके साथ केप (सैपल या हरी पत्तियां) न आएं। जहां तक संभव हो फलों की तुड़ाई सुबह या शाम के समय ही करनी चाहिए।

तुड़ाई के बाद फलों को चौड़े व खुले बर्तनों में रखना चाहिए क्योंकि एक स्थान पर अधिक फलों का ढ़ेर लगाने से वे क्षतिग्रस्त हो जाते हैं। तुड़ाई के बाद फलों को किसी छायादार जगह में रखें ताकि उनकी

गर्मी कुछ कम हो सके। यदि फलों को ऐसे समय तोड़ा जाए जब वातावरण में तापमान 25 डिग्री सेंटीग्रेड या इससे अधिक है तो उन्हें तुड़ाई के उपरांत 4 डिग्री सेंटीग्रेड तापमान पर 2 घण्टों तक रखा जाना चाहिए ताकि उनकी ताजगी बनी रहे। तुड़ाई करते समय निम्नलिखित बातों को हमेशा ध्यान में रखा जाना चाहिए-

- गर्म क्षेत्रों में फलों की तुड़ाई हर रोज व ठण्ड़े क्षेत्रों में सप्ताह में दो या तीन बार करनी चाहिए।
- नजदीकी बाजार हेतु फलों को हर रोज व दूर-दराज के क्षेत्रों हेतु सप्ताह में दो या तीन बार तुड़ाई करें।
- जहां तक संभव हो, तुड़ाई सुबह या शाम के समय करें।
- बेचने हेतु फलों को उनके तनों व हरी पत्तियों (सैपल) के साथ तोड़ें, परन्तु प्रसंस्करण हेतु इनके बगैर तोड़ें।
- नजदीकी बाजारों हेतु फलों के 75 प्रतिशत हिस्से में अच्छा रंग आने पर तुड़ाई करें, परन्तु दूर दराज के क्षेत्रों हेतु फलों को उस समय भी तोड़ा जा सकता है जब वे हरे या सफेद ही हों।
- तुड़ाई के बाद फलों को किसी छायादार स्थान पर रखें।
- यदि फलों को दोपहर (जब काफी गर्मी हो) में तोड़ा गया हो तो उन्हें पैकिंग (डिब्बाबंदी) से पहले ठण्ड़ा कर लें।

भारत मे फलों की तुड़ाई हाथों द्वारा ही की जाती है क्योंकि स्ट्राबेरी में फलों की तुड़ाई बार-बार की जाती है। अतः अन्य फलों की अपेक्षा स्ट्राबेरी में फलों की तुड़ाई के लिए अधिक मजदूरों की आवश्यकता पड़ती है। एक हैक्टेयर खेत से फलों की तुड़ाई के लिए कम से कम 10-12 मजदूरों की आवश्यकता होती है।

मशीनों द्वारा तुड़ाई

कई उन्नत देशों में अब स्ट्राबेरी की तुड़ाई हेतु स्वःचलित मशीनों का विकास किया गया है। हैरानी की बात यह है कि अब उन मशीनों को

ध्यान में रखकर ऐसी किस्में (लम्बे डण्ठलों वाली उच्च फलत, एक साथ पकने वाली और फल सड़न रोगरोधी) विकसित कर दी गई है ताकि मशीनों द्वारा तुड़ाई से कम से कम नुकसान हो। उदाहरणतः फ्रातिमा, फिकुण्ड़ा, मीमेक, प्राईमेक आदि कुछ किस्में हैं जो मशीनों द्वारा तुड़ाई हेतु अत्यन्त उपयुक्त पाई गई हैं।

स्वयं फल तुड़ाई प्रणाली

स्ट्राबेरी के फलों की तुड़ाई व उन्हें बेचने का यह एक अद्‌भुत तरीका है जो उन देशों में मुख्यतः अपनाया जाता है जहां मजदूर नहीं मिलते। इसे अंग्रेजी में *'पिक योअर ओन'* (Pick Your Own) तुड़ाई की प्रणाली भी कहते हैं। इस रीति में जिस ग्राहक को स्ट्राबेरी के फल खरीदने हों वे स्वयं अपनी गाड़ी से खेतों पर चले जाते हैं जहां स्ट्राबेरी की खेती हो रही हो। किसान उन्हें टोकरी देते हैं व ग्राहक स्वयं फल तोड़कर व तोलकर उसके पैसे किसान को दे देते हैं। इस रीति द्वारा कई लाभ भी हैं जैसे-

- किसान की तुड़ाई में दी जाने वाली कीमत बच जाती है।
- पैकिंग (डिब्बाबंदी) की आवश्यकता नहीं पड़ती।
- किसान को मार्केटिंग की चिन्ता नहीं रहती।
- ग्राहक को पसन्दीदा फल मिलते हैं।

यही कारण है कि उन्नत देशों में तुड़ाई की यह प्रणाली काफी प्रचलित हो रही है।

उपज (फलत)

अन्य फलों की भांति, स्ट्राबेरी में भी फलत स्थिर नहीं हो सकती, क्योंकि यह मृदा की बनावट, जलवायु की दशा, किस्म विशेष, रोपण विधि, पौधों की प्रति हैक्टेयर संख्या, प्रति पौधा मुकुटों की संख्या, प्रति पौधा फलों की संख्या, फलों के भार एवं कई प्रबंधन कृषि क्रियाओं पर

निर्भर करती है। साधारणतः प्राथमिक एवं द्वितीयक फूलों पर बड़े आकार के फल आते हैं। अतः ये त्रितीयक व चतुर्थक फूलों द्वारा पैदा किए गए फलों की अपेक्षा फलत को अधिक प्रभावित करते हैं। उन्नत देशों में स्ट्राबेरी की 30-40 टन/है. उपज मिलती है। परन्तु, भारत में साधारणतः 7-8 टन/है. ही फलत मिलती है। मैदानी भागों में फलत तो अधिक होती है, परन्तु गुणवत्ता व सुस्वादुपन पर विपरीत प्रभाव पड़ता है। पहाड़ी क्षेत्रों में फलत कम परन्तु फल की उच्च गुणवत्ता होती है। हमारे देश में स्ट्राबेरी की उत्पादकता अन्य देशों की अपेक्षा बहुत कम (6-8 टन/है.) है, जिसे उर्वरकों के उचित प्रयोग, समयानुसार सिंचाई, मल्चिंग, कीट एवं रोगों को नियंत्रित कर, वृद्धि नियामकों के प्रयोग तथा खेतों में मधुमक्खियों के कुछ बक्से रखकर इसे कई गुणा तक बढ़ाया जा सकता है।

23. तुड़ाई उपरांत प्रबंधन

भारत में लगभग 25 से 30 प्रतिशत फल तुड़ाई उपरांत उचित प्रबंधन न होने के कारण नष्ट हो जाते हैं, जिससे करोड़ों रूपये की हानि होती है। विकसित देशों में फलों की तुड़ाई के उपरांत प्रबंधन पर अधिकाधिक ध्यान दिया जाता है। इस अध्याय में स्ट्राबेरी में तुड़ाई उपरांत प्रबंधन के बारे में साहित्य में उपलब्ध जानकारी को संक्षिप्त रूप में दिया गया है।

श्रेणीकरण व पैकिंग

तुड़ाई के उपरान्त फलों को उनके नाप, आकार व रंग के अनुसार विभिन्न श्रेणियों में वर्गीकृत (grading) करना चाहिए। समान नाप, आकार व रंग वाले फलों को 'अ' श्रेणी व अन्य फलों को 'ब' श्रेणी में रखें। ग्रेड़िंग से पहले क्षतिग्रस्त, गले-सड़े व रोगयुक्त फलों को पहले ही निकाल लेना चाहिए। हमारे देश में ग्रेड़िंग हाथों द्वारा ही की जाती है, परन्तु विश्व के उन्नत देशों में ग्रेड़िंग हेतु मशीनों का विकास किया जा चुका है। इन देशों में ग्रेड़िंग हेतु तुलापात्र का प्रयोग करते हैं। यह ग्रेड़िंग तुलापात्र 25 से.मी. लम्बा, 2.5 से.मी. चौड़ा और 1.5 से.मी. गहरा होता है।

स्ट्राबेरी की पैकिंग हेतु छोटी-छोटी प्लास्टिक, गत्ते या लकड़ी की टोकरियों, टीन या पॉलिथीन के थैलों का प्रयोग कर सकते हैं। आजकल स्ट्राबेरी की पैकिंग हेतु विशेष तौर पर बनाए गए प्लास्टिक के डिब्बे प्रयोग किये जाते हैं, जिन्हें *'पन्नेट'* (punnet) कहते हैं। इस प्लास्टिक के प्रत्येक डिब्बे में 200 से 250 ग्राम फल पैक किए जा सकते हैं। इन डिब्बों की खास बात यह है कि इनमें हवा के आवागमन के लिए 10-12 छिद्र होते हैं। फलों को पैक करने के बाद इन डिब्बों को कार्ड बोर्ड की ट्रे में रखा जाता है।

इन भरी हुई टोकरियों या ट्रे को कभी भी ढ़ेर बना कर इकट्ठा नहीं रखना चाहिए। पैकिंग के बाद प्रत्येक डिब्बे पर एक लेबल लगाना

चाहिए। लेबल पर किस्म का नाम, उत्पादक का नाम व पता, बाग का नाम व पैकिंग की तिथि आदि अंकित होनी चाहिए।

प्रशीतन

यदि स्ट्राबेरी को तुड़ाई उपरान्त 4.4 सेटीग्रेड़ तापमान पर कम से कम दो घण्टों तक ठण्ड़ा करें व बाद में उन्हें इस तापमान पर रखा जाए तो यह फल बाजार में अच्छी दशा में पहुंचते है। प्रशीतन की उन इलाकों में बहुत आवश्यकता होती है जहां गर्मी का प्रकोप अधिक हो या जहां-जहां फलों की तुड़ाई 25 डिग्री सेटीग्रेड़ से अधिक तापमान करनी पड़ती है। अधिक तापमान पर श्वसन प्रक्रिया तेज हो जाती है जिस कारण फलों की तुड़ाई उपरान्त ताजा बने रहने की क्षमता कम हो जाती है। अतः फलों का प्रशीतन आवश्यक हो जाता है।

भण्ड़ारण

जैसा पहले बताया जा चुका है कि स्ट्राबेरी के फल अत्यन्त नाजुक होते हैं, अतः उन्हें तुड़ाई उपरान्त जल्दी से जल्दी बाजार में भेजने की व्यवस्था करनी चाहिए। फसल एक साथ तैयार होने के कारण बाजार में फलों का मूल्य काफी गिर जाता है। इसलिए यदि इन फलों को कुछ दिनों के लिए शीतगृह में भण्ड़ारित किया जाए तो किसान को काफी लाभ होता है। पके फल की उपलब्धता मात्र 15-20 दिन ही होती है। इसलिए भी भण्ड़ारण काफी लाभदायक रहता है। साथ ही भण्ड़ारण से फल ग्राहकों को काफी अधिक दिनों तक मिलता रहता है।

तुड़ाई उपरान्त फलों की ताजा बने रहने की क्षमता को बढ़ाने हेतु कई तकनीकें अपनाई गई हैं जो ज्यादातर अधिक कामयाब सिद्ध नहीं हुई हैं। परन्तु, इन सभी तकनीकों में नियंत्रित वातावरण भण्ड़ारण सबसे कारगार सिद्ध हुआ है। ऐसे भण्ड़ारण में कार्बन डाईऑक्साइड व ऑक्सीजन की मात्रा को नियंत्रित रखते हैं। वैसे इन गैसों की सान्द्रता किस्म विशेष पर निर्भर करती है, परन्तु साधारतणतः 2 प्रतिशत ऑक्सीजन व 5

प्रतिशत कार्बन डाईऑक्साइड की मात्रा पर यदि फलों को 3-5 सेंटीग्रेड़ तापमान पर रखें तो उन्हें 10-12 दिनों तक सुरक्षित दशा में रखा जा सकता है। यदि यह मात्रा कम या अधिक रखी जाए तो फलों के रंग व सुगन्ध में कमी आती है। कुछ शोधकर्ताओं का सुझाव है कि यदि इन फलों को भण्ड़ारण से पहले बेविस्टिन (0.1 प्रतिशत घोल) से उपचारित किया जाए तो फलों को ऊपरलिखित गैसों की इसी सान्द्रता व तापमान पर और भी अधिक दिनों तक सुरक्षित भण्ड़ारित किया जा सकता है।

फलों को तुड़ाई उपरान्त ताजा बने रहने हेतु तुड़ाई से पहले की जाने वाली क्रियाऐं

तुड़ाई से पहले खेतों में ऐसी कई क्रियाऐं हैं जिनसे फलों को तुड़ाई उपरान्त ताजा बनाया रखा जा सकता है। इन्हीं क्रियाओं का संक्षिप्त विवरण निम्नलिखित है:

1. आदर्श मृदा का चुनाव करें

स्ट्राबेरी रेतीली दोमट मिट्टी, जिसमें ह्यूमस की अधिक मात्रा हो, में अधिक अच्छी पैदा होती है। भारी मिट्टी में इसे उगाना कठिन होता है और यदि उग भी जाए तो उसमें अधिक रोगों के लगने का भय रहता है। अतः व्यावसायिक बागवानी के लिए हमेशा आदर्श मिट्टी का चुनाव करें। क्योंकि आदर्श मिट्टी में उगाए जाने पर फलों को तुड़ाई उपरांत अधिक दिनों तक ताजा बनाया रखा जा सकता है।

2. उपयुक्त किस्म लगाएं

किसान को हमेशा बाजार की मांग को ध्यान में रखकर ही किस्मों को चुनना चाहिए। उदाहरणतः यदि बाजार नजदीक है तो ऐसी किस्में चुननी चाहिए जिसमें 'कैप' आसानी से बन जाए। प्रसंस्करण हेतु ऐसी किस्मों का चुनाव करें जिनकी 'कैप' आसानी से निकल जाए। यदि बाजार दूर है तो ऐसी किस्मों को उगाया जाना चाहिए जिनमें फल सड़न

रोग की कम से कम समस्या हो ताकि वे तुड़ाई उपरांत कई दिनों तक सुरक्षित रखी जा सकें।

3. अच्छी पलवार प्रयोग करें

पलवारना (मल्चिंग) यदि ढ़ंग से की गई हो तो यह फलों को मिट्टी से सीधे संपर्क से बचाती है, जिससे फलों में सड़न कम होती है। अतः उचित समय पर आदर्श मल्च (पलवार) का प्रयोग करें ताकि फलों की तुड़ाई उपरांत फल ज्यादा समय तक ताजे बने रहें।

4. सिंचाई की उचित व्यवस्था

सिंचाई को आवश्यकतानुसार समय-समय पर करते रहें। पानी के निकास का उचित प्रबंध किया जाना चाहिए ताकि पानी फलों को न छूने पाए, नहीं तो वे जल्दी ही सड़ जाएंगे। प्रयोगों से यह पाया गया है कि यदि सिंचाई की टपकाव प्रणाली का प्रयोग किया जाए तो फल स्वस्थ व अच्छी गुणवत्ता के मिलते हैं, जिन्हें तुड़ाई उपरान्त अधिक दिनों तक सुरक्षित रखा जा सकता है।

5. फल सड़न रोग से बचाव

स्ट्राबेरी के फलों को *बॉटराइटिस* सड़न रोग सबसे अधिक हानि पहुंचाता है। रोग ग्रसित फलों को कभी भी भण्ड़ारित नहीं करना चाहिए। सबसे अच्छा तरीका यह है कि इस रोग को खेत में आने से पहले ही रोकथाम की जाए, जिससे फलों को तुड़ाई उपरांत अधिक दिनों तक सुरक्षित रखा जा सके। इस रोग से बचने हेतु खेत में जल निकास का उचित प्रबंध रखें व अधिक सिंचाई व नाइट्रोजन न दें। इसके अतिरिक्त फूल आने के बाद लगातार 15 दिनों के अन्तराल पर कार्बेन्डाजिम 50 प्रतिशत डब्ल्यू.पी. (0.05 प्रतिशत घोल) का छिड़काव करें।

6. कैल्शियम का पर्णीय छिड़काव

प्रयोगों से सिद्ध हुआ है कि पौधों पर कैल्शियम के पर्णीय छिड़काव से फलों को तुड़ाई उपरांत अधिक दिनों तक सुरक्षित रखा जा

सकता है। तुड़ाई से पहले कैल्शियम क्लोराइड (1 प्रतिशत घोल) या कैल्शियम नाइट्रेट (1 प्रतिशत घोल) के पर्णीय छिड़काव से शत प्रतिशत साफ सुथरे फल प्राप्त किए जा सकते हैं।

7. तुड़ाई की तिथि व समय

तुड़ाई करने की दिनांक व समय भी फलों को तुड़ाई उपरांत सुरक्षित रखने में सहायता करते हैं। उदाहरणत: फल अत्यन्त नाजुक होने के कारण यदि उनकी तुड़ाई में थोड़ी सी ढील भी हो जाए तो यह संपूर्ण फसल को नष्ट करने का कारण बन सकती है। अत: तुड़ाई समय पर करें। तुड़ाई हमेशा सुबह या शाम के समय ही करनी चाहिए।

8. फलों को छाया में रखें

तुड़ाई उपरांत फलों को खेतों की अपेक्षा ऐसी जगह रखें जहां कुछ छाया हो। फलों को गर्म स्थान पर रखने से उन्हें लम्बे समय तक सुरक्षित रखना मुश्किल हो जाता है।

9. छंटाई प वर्गीकरण

तुड़ाई के तुरन्त बाद क्षतिग्रस्त, गले-सड़े एवं रोग ग्रसित फलों को स्वस्थ फलों से अलग कर देना चाहिए। गले-सड़े फलों से दूसरे स्वस्थ फल भी संक्रमित हो जाते हैं, जिन्हें अधिक दिनों तक सुरक्षित रखना मुश्किल हो जाता है। छंटाई के बाद फलों को नाप-तोल के आधार पर वर्गीकृत करें तथा बाद में ही उनकी पैकिंग करें।

10. प्रशीतन

फलों से दिन व खेत की गर्मी कम करने हेतु उन्हें 4.4 डिग्री सेंटीग्रेड पर कम से कम 2 घण्टे तक रखना चाहिए। यदि संभव हो तो फलों को तुड़ाई उपरांत व मार्केटिंग या भण्डारण से पहले इसी तापमान पर रखें।

24. मूल्य निरूपण पदार्थ

ताजे फलों के खाने के अतिरिक्त स्ट्राबेरी से कई मूल्य निरूपण पदार्थ (value added products) जैसे डिब्बाबन्द स्ट्राबेरी, कैंड़ी, जैम तथा जैली इत्यादि भी बनाए जा सकते हैं। ऐसे विभिन्न बहुमूल्य पदार्थों के बनाने का संक्षिप्त विवरण निम्नलिखित है-

1. स्ट्राबेरी कैंड़ी

पूरे फल को पहले चीनी या ग्लूकोज के घोल में डालकर व बाद में फल को सुखाने से प्राप्त पदार्थ को **कैंड़ी** कहते हैं। स्ट्राबेरी की कैंड़ी बनाने हेतु पहले स्वस्थ, दृढ़ व साफ-सुथरे फलों को चुना जाता है। बाद में उनसे तने निकाल कर साफ पानी में दो-तीन बार धोया जाता है। इन फलों को बराबर की मात्रा में चीनी व पानी के उबलते घोल (चाशनी) में डाला जाता है। इस मिश्रण को 104 डिग्री सेंटीग्रेड़ तक गर्म कर बाद में इसे 94 डिग्री सेंटीग्रेड़ तक ठण्ड़ा किया जाता है। इसके बाद फलों को किसी दूसरे बर्तन या ट्रे में डाल दें व चाशनी को निथार दें तथा बाद में इन फलों को सुखा लें। इस तरह से कैंड़ी तैयार हो जाती है। ताजी-ताजी कैंड़ी बहुत सुन्दर व आकर्षक लगती है और यदि इसे लम्बे समय तक भण्ड़ारित करें तो इसके रंग व सुगंध में कमी आ जाती है। अतः कैंड़ी बनाते समय यह ध्यान रखें कि कैंड़ी तभी बनानी चाहिए जब आपके पास भण्ड़ारण की समुचित व्यवस्था हो।

2. डिब्बाबंदी

कुछ उन्नत देशों में स्ट्राबेरी के फलों की डिब्बाबंदी काफी प्रचलित है। डिब्बाबंदी (canning) हेतु स्वस्थ, आर्कषक व समान आकार के फल चुनें। फलों से तने निकालकर उन्हें अच्छी तरह साफ पानी से ध ोएं। धोने के बाद फलों को 50 डिग्री ब्रिक्स सांद्रता वाले चीनी की चाशनी में ड़ाल दें। इन फलों को चाशनी के साथ धीरे- धीरे उबालें। उबले हुए

फलों को एक रात तक ऐसे ही पड़ा रहने दें। दूसरे दिन फलों को चाशनी के साथ कैन (डिब्बों) में पैक कर दें। कैन को फिर 82-100 डिग्री सेंटीग्रेड पर 8-12 मिनट तक इस प्रकार गर्म किया जाता है ताकि डिब्बे के भीतर का तापमान 79 डिग्री सेंटीग्रेड़ तक पहुंच जाएं। इसके तुरन्त बाद कैन (डिब्बे) को अच्छी तरह बंद करें और दोबारा 115-121 डिग्री सेंटीग्रेड़ तापमान पर 10-15 मिनट तक गर्म करने के बाद 39 डिग्री सेंटीग्रेड़ तापमान तक ठण्ड़ा किया जाता है।

वैसे तो डिब्बाबंदी हेतु 'टीन' व 'कांच' के बर्तन (मर्तबान) प्रयोग में लाए जा सकते हैं परन्तु 'टीन' के डिब्बे ही प्रयोग में लाएं तो ज्यादा बेहतर रहेगा। टीन के डिब्बे सस्ते तथा परिवहन के हिसाब से अच्छे रहते हैं।

3. स्ट्राबेरी जैम

स्ट्राबेरी जैम, फलों के गूदे में चीनी की आवश्यक मात्रा में इस प्रकार डालकर तैयार किया जाता है ताकि यह गूदे को अच्छी तरह टिका सके। साधारणत: जैम में 68 प्रतिशत ठोस घुलनशील पदार्थ, 0.5-0.6 प्रतिशत अम्लता तथा अधिकतम 40 पी.पी.एम. सल्फर डाईऑक्साइड होनी चाहिए। जैम बनाने के लिए पके हुए स्वस्थ फल चुनकर उन्हें पानी से अच्छी तरह साफ करें। फलों को कुचलकर उनका गूदा निकालें। गूदे में थोड़ा पानी डालें। पानी के बाद गूदे में कुछ चीनी डालें और धीमी-धीमी आग पर लगातार हिलाते हुए गर्म करें। इस मिश्रण में कुछ साइट्रिक अम्ल डालें। इसे तब तक गर्म करते रहें जब तक मिश्रण का तापमान 105 डिग्री सेंटीग्रेड़ या सम्पूर्ण घुलनशील पदार्थ 68-70 प्रतिशत के बीच न पहुंच जाएं जिसको 'सीट टैस्ट' द्वारा ज्ञात किया जा सकता है। इस तरह से जैम तैयार हो जाता है। जिसे निर्जर्मित बोतलों में डाल दें। बोतल भरने के बाद ऊपर थोड़ा मोम डालकर बन्द कर दें। साधारतणत: स्ट्राबेरी के एक कि.ग्रा. गूदे से अच्छी गुणवत्ता का जैम बनाने हेतु 750 ग्राम चीनी, 2 ग्राम साइट्रिक अम्ल और 100 मि.ली. पानी की आवश्यकता होती है। जैम के

परिरक्षण हेतु सल्फर डाईऑक्साइड (40पी.पी.एम) या बेंजोइक अम्ल (200 पी.पी.एम.) का प्रयोग किया जा सकता है।

4. स्ट्राबेरी की जैली

जैली एक अर्ध ठोस पदार्थ होता है जिसे फलों के गूदे के साथ पैक्टिन व चीनी के साथ उस अवस्था तक पकाया जाता है जब तक उसका रूप नर्म तथा लगभग ठोस पदार्थ के समान न हो जाए। एक अच्छी जैली वही होती है जो पारदर्शी हो, परन्तु अधिक सघन न हो और इसमें फल की मौलिक सुगंध हो। जैली बनाने में पैक्टिन बहुत ही आवश्यक पदार्थ है। स्ट्राबेरी में भी पैक्टिन होती है परन्तु यह मात्रा पर्याप्त नहीं होती। अतः व्यावसायिक स्तर पर तैयार कृत्रिम पैक्टिन व साइट्रिक, टारटेरिक व मैल्लिक अम्ल आदि डालने चाहिए। साधारणतः अच्छी जैली में 65 प्रतिशत ठोस घुलनशील पदार्थ व 45 प्रतिशत गूदे के साथ अधिक से अधिक 40 पी.पी.एम. सल्फर डाईऑक्साईड की मात्रा होनी चाहिए। जैली बनाने हेतु फल पूर्ण रूप से पके होने के साथ उनमें अच्छी सुगंध होनी चाहिए। फलों को साफ कर पानी से दो-तीन बार धोएं। फलों को कुचलकर पानी में 5-10 मिनट तक उबाल लें। उबलते हुए मिश्रण में वांछित मात्रा में चीनी, अम्ल, परिरक्षक व पैक्टिन डालें। ठण्ड़ा होने पर इसे बोतलों में भर लें व बाद में इन्हें ठण्ड़ा कर लें। जैली को कांच के जारों में भरा जाता है। भरने के तुरन्त बाद मोम की परत डालकर उन्हें सील कर दें।

इन पदार्थों के अतिरिक्त स्ट्राबेरी से कई अन्य पदार्थ जैसे जूस, शर्बत, शराब, प्रशीतन स्ट्राबेरी तथा अन्य कई और बहुमूल्य पदार्थ भी बनाएं जाते हैं। स्ट्राबेरी सुगन्धित आईसक्रीम को भला कौन नहीं जानता जो संसार के प्रत्येक हिस्से में बहुत ही प्रचलित है और हर कोई इसे बड़े चाव से खाता है।

25. प्रजनन एवं फसल सुधार

संसार के विभिन्न भागों में स्ट्राबेरी के क्षेत्रफल में लगातार बढ़ोत्तरी का श्रेय वैज्ञानिकों द्वारा विकसित की गई किस्मों को जाता है। शायद यह उन्हीं के अथक प्रयासों का परिणाम है कि उन्होंने एक प्रमुख उद्देश्य को लेकर कस्मों का विकास किया और वे अत्यन्त प्रभावशाली भी रहीं। पिछले 80-85 वर्षों में संसार के विभिन्न अनुसंधान संस्थानों में स्ट्राबेरी पर प्रजनन एवं सुधार शोधन से कई उच्च गुणवत्ता वाली पसंदीदा किस्मों का विकास हुआ। स्ट्राबेरी में सर्वप्रथम फसल सुधार कार्यक्रम सयुंक्त राज्य अमेरिका स्थिति न्यूयार्क कृषि परीक्षण केन्द्र जनेवा में वर्ष 1889 में शुरू हुआ, जहां उस समय शीत सहनशीलता वाली किस्मों का विकास ही वैज्ञानिकों का मुख्य उद्देश्य था। इस समय स्ट्राबेरी फसल सुधार कार्यक्रम कनाड़ा, दक्षिणी अफ्रीका, यूरोप, एशिया व संयुक्त राज्य अमेरिका आदि देशों में जनसाधारण के सहयोग से चल रहे हैं।

आधुनिक प्रजनन सम्बंधित शोध कार्यक्रम

प्रजनक के मुख्य उद्देश्य

वैसे तो स्ट्राबेरी फसल सुधार कार्यक्रम के उद्देश्य संसार के सभी देशों में एक जैसे ही हैं परन्तु तुलात्मक दृष्टि से उनका महत्व स्ट्राबेरी प्रजनकों में विभिन्न दशाओं में भिन्न भी हो सकता है। उदाहरणतः एक बीमारी या कीट किसी विशेष स्थान में गंभीर (चिंताजनक) समस्या हो सकती है, परन्तु दूसरे स्थान में नहीं। अतः उस स्थान विशेष में स्ट्राबेरी प्रजनक का रोग या कीटरोधी किस्में विकसित करना ही मुख्य उद्देश्य होता है। यद्यपि स्ट्राबेरी प्रजनन व सुधार हेतु उपज, ओजपन, फलन आदत, फल पकने का समय, शीत सहनशीलता, भूस्तारी पैदा करने की क्षमता, उच्च ताप रोधिता, फलों का एक साथ पकना व रोगरोधिता आदि ही सामान्यतः पौधे में पाए जाने वाले आवश्यक गुण हैं। इनमें से उपज,

ओजपन एवं फलन आदत आदि प्रमुख महत्व वाले गुण होते हैं, जबकि दूसरे गुणों को स्थानीय समस्याओं को ध्यान में रखकर ही महत्व दिया जाता है। फल गुणों में फल नाप, आकार, समरूपता, रंग, दृढ़ता, सुगन्ध, विटामिन सी की मात्रा, मिठास, अम्लता और सड़न प्रतिरोधिता आदि शामिल हैं। इनमें से फल नाप, दृढ़ता एवं सुगन्ध हमेशा ही महत्व वाले गुण हैं, जबकि अन्य गुणों का महत्व स्थानीय दशाओं पर निर्भर करता है।

प्रजनन की तकनीकें

पुष्प संबंधी क्रियाएं

स्ट्राबेरी में मुख्यतः मादा, नर, या उभयलिंगी तीनों ही प्रकार के फूल आते हैं। स्ट्राबेरी का पुष्पक्रम भी अद्भुत किस्म का होता है, जिसमें प्राथमिक, द्वितीयक, त्रितीयक व चतुर्थक फूल आते हैं। फल उभयलिंगी या मादा फूलों पर ही आते हैं, परन्तु आजकल की किस्मों में मुख्यतः उभयलिंगी फूल ही आते हैं और यही कारण है कि प्रजनक को नई किस्मों के विकास हेतु फूल से नर भागों (पुंकेसर) का पुमंगीहरण करना पड़ता है (emasculation) जो कि बहुत ही मुश्किल काम होता है। फूल में कई स्त्रीकेसर होते हैं जिनकी अपनी नलिका व स्त्रीकोष होता है और ये सभी पुष्पधर पर जुड़ते हैं, जो निषेचन होने पर गूदेदार फल में परिवर्तित हो जाते हैं। स्ट्राबेरी का फल एक पुंजित फल है, जिसमें सैकड़ों की संख्या में बीज होते हैं। बीजों की संख्या सामान्यतः स्त्रीकेसर की संख्या पर निर्भर करती है, जो 50-500 तक हो सकती है। साधारणतः यह देखा गया है कि प्राथमिक फूलों में अधिक संख्या में स्त्रीकेसर होते हैं उसके बाद क्रमशः द्वितीयक, त्रितीयक या चतुर्थक फूलों में।

परागण, बीज एकत्रित करना व पौध तैयार करना

कृत्रिम परागण हेतु फूल के नर भागों (पुंकेसर) को ऐसे हटाया जाना चाहिए ताकि स्त्रीकेसर अच्छी तरह से दिखाई दे। यह कार्य फूल

खिलने से 1 से 3 दिन पहले कर लेना चाहिए ताकि स्व:परागण न हो सके। यह भी ध्यान रखा जाना चाहिए कि जिन फूलों से नर भागों को हटाया गया हो उन्हें या तो थैली या रूई से ढ़क देना चाहिए ताकि बाहरी (अन्य किस्म का) परागकण इनमें परागण न कर सके। मनचाही किस्म (नर) के परागकण फूलों के खिलने से 1-2 दिन पहले ही कांच की छोटी शीशी या प्लेट में स्फूटन (खिलने) हेतु इकट्ठे कर लिए जाने चाहिए। यदि इन परागकणों को बाद में प्रयोग करना हो तो इन्हें कम आर्द्रता व 4 डिग्री सेंटीग्रेड़ तापमान पर बिना किसी क्षति से कई दिनों तक सुरक्षित रखा जा सकता है। परागकणों को मुलायम ब्रुश से उठाकर स्त्रीकेसर पर स्थानान्तरित किया जाता है। सामान्य परिस्थितियों में परागण के लगभग 25 से 30 दिनों बाद फल पक कर तैयार हो जाते हैं जिनसे बीज निकालकर 1-4 डिग्री सेंटीग्रेड तापमान पर भण्ड़ारित कर लेते हैं। अनुकूल परिस्थितियां होने पर बीजों को खेतों में बो दिया जाता है। बीजों के शीघ्र व अच्छे अंकुरण हेतु उनका स्तरीकरण (stratification) आवश्यक होता है। बीजों को बोने से पहले सल्फ्यूरिक अम्ल में 10 से 15 मिनट तक भिगोने (डुबोने) से भी अंकुरण अच्छा होता है।

बीजों को साधारणत: बालू, निर्जर्मित मिट्टी या मॉस घास में य किसी ट्रे में बोया जाता है। ध्यान रखें कि पौधे सड़न रोग के प्रति बहुत ही ग्रहणशील होते हैं, अत: छोटी अवस्था में उन पर पूरा ध्यान देने की अवश्यकता होती है। जब पौधे 6 से 8 सप्ताह के हो जाएं तो उन्हें उठी हुई क्यारियों में स्थानांत्रित कर दें, तदोपरांत इन्हें रोगों, कीटों व विषाणुओं के प्रति परखा जाता है।

मनचाहे पौध गुण हेतु प्रजनन

नई किस्म के विकास हेतु वैज्ञानिक को मनचाहे गुणों वाले पैतृक किस्मों के पौधों की आवश्यकता होती है। नर व मादा किस्मों का चुनाव प्रजनक अपने वैज्ञानिक उद्देश्यों को ध्यान में रखकर ही करता है जो मुख्यत: स्थान विशेष की परिस्थितियों पर निर्भर करते हैं। परन्तु साधारणत:

स्ट्राबेरी में भी अन्य फलों की भांति पौध व फलों के गुण बहुत से जीनों द्वारा नियंत्रित होते हैं जिस कारण स्ट्राबेरी में भी कई विशेष गुणों वाली एक नई किस्म विकसित करना कठिन काम हो जाता है। इन्हीं बातों को ध्यान में रखकर कुछ पौध गुणों का विवरण नीचे दिया जा रहा है जो स्ट्राबेरी के सुधार कार्यक्रम मे लगे वैज्ञानिकों हेतु लाभप्रद हो सकता है।

1. उपज

स्ट्राबेरी में उपज, फलों के नाप व संख्या, पौधों के ओजपन, रोग व कीटरोधिता व प्रति कतार मुकुटों की संख्या पर निर्भर करती है। परन्तु, अधिकतर वैज्ञानिक मानते हैं कि प्रति कतार मुकटों की संख्या ही उपज को सबसे अधिक प्रभावित करती है। अक्सर यह पाया गया है कि फूलों का नाप, फल गुच्छे में भी विभिन्न होता है क्योंकि प्राथमिक फल सबसे बड़े व अन्य छोटे होते हैं।

मुकुटों की संख्या केवल भूस्तारियों की संख्या पर निर्भर करती है, जिसके लिए *फ्रेगेरिया विरजिनियाना* उपजाति *ग्लाउका* सबसे अच्छा स्रोत पाया गया है। इसके अतिरिक्त 'गुआरड़ियन' व 'होनोए' भी बहुत अच्छी किस्में हैं जिनका प्रयोग अधिक उपज देनी वाली नई किस्मों के विकास हेतु किया जाना चाहिए।

2. रोगरोधिता

स्ट्राबेरी के पौधों में कई प्रकार के रोग लगते हैं और संतति में विभिन्न रोगों के प्रति रोधिता वंशागति के बारे में वैज्ञानिकों के विभिन्न मत हैं। उदाहरणतः रामूलेरिया पत्ती धब्बा रोग यूरोप के कुछ क्षेत्रों में ही पाया जाता है और यह भी पाया गया कि इस रोग की कुछ किस्में यदि एक क्षेत्र में प्रतिरोधी हैं तो दूसरे में नहीं। परन्तु अलब्रिटॉन, एलिस्टा, हूड, हॉवर्ड-17, लासेन, लेटग्लो, स्योरक्रॉप एवं टांगी आदि किस्मों में इस रोग के प्रति किसी न किसी क्षेत्र मे रोधिता अवश्य दिखवाई है।

सफेद चूर्णी रोग स्ट्राबेरी की पत्तियों, फूलों व फलों को प्रभावित करता है। संतति में इस रोग के वंशानुक्रम को वैज्ञानिक अभी तक ठीक से नहीं समझ पाए हैं, परन्तु यह अवश्य ज्ञात हुआ है कि टियोगा व व्रिगटॉन इस रोग की प्रतिरोधी किस्में हैं।

उक्ठा रोग भी स्ट्राबेरी के उन क्षेत्रों में व्यापक रूप से पाया जाता है जहां पिछले कई वर्षों से लगातार *सोलानेसी* कुल की सब्जियों की खेती हो रही हो। हालांकि इसे धूमन से नियंत्रित किया जा सकता है, परन्तु प्रतिरोधी किस्मों का विकास ही इसका पक्का इलाज है। इस रोग के फफूंद की भी कई जातियां होती हैं और यही कारण है कि जो किस्म एक क्षेत्र मे किसी विशेष जाति की प्रतिरोधी होती है वो दूसरे क्षेत्र में किसी जाति के प्रति ग्रहणशील भी हो सकती है। अक्सर देखने में आया है कि इस रोग के प्रति कोई भी किस्म पूर्णरूप से रोगरोधी नहीं है, परन्तु अधिकांश किस्मों में व्यावसायिक स्तर पर उगाई जाने वाली आलस्टार, कैटस्किल, डिलाईट, अर्लीग्लो, जैम, गुआरडियान, हैकर, हूड, ट्रिब्यूट, ट्राईस्टार और टोटेम आदि इस रोग की प्रतिरोधी किस्में हैं।

रैडस्टीली जड़ सड़न रोग नम जलवायु वाले क्षेत्रों में स्ट्राबेरी का एक प्रमुख रोग है। अन्य रोगों की भांति इस रोग को फैलाने वाले फफूंदी (कवक) की कई जातियां है और विभिन्न जातियों के लिए एक प्रतिरोधी किस्म का विकास भी संभव नहीं होता। संसार के कई अनुसंधान सस्थानों में किए गए शोध कार्यों से पता चला है कि गोरेला, जुस्पा, लावो, टायेला, गुआरडियान, हूड, मिड़वे, रैड़चीफ, स्पार्कल, स्योरक्रॉप एवं सनराईज आदि किस्में इस रोग की एक न एक जाति हेतु प्रतिरोधी किस्में हैं।

एन्थ्रेक्नोज रोग गर्म व आर्द्र जलवायु में स्ट्राबेरी के पौधों को हानि पहुंचाता है। क्योंकि इस रोग को फैलाने वाले कवक की कई जातियां है, इसलिए एक प्रतिरोधी किस्म दूसरे स्थान में ग्रहणशील भी हो सकती है। एन्थ्रेक्नोज हेतु वैसे तो कई किस्में है, परन्तु रोगरोधी किस्मों का विकास सेक्वा किस्म को लेकर ही किया गया है।

फल सड़न रोग स्ट्राबेरी के फलों का सबसे भयंकर रोग है। इस रोग की प्रतिरोधी किस्में मुख्यतः टाई व अर्लीग्लो किस्मों के संकरण से ही विकसित की गई हैं।

3. विषाणु रोग सहनशीलता

स्ट्राबेरी में विषाणु रोग भी काफी हानि पहुंचाते हैं। विषाणु रोग उन क्षेत्रों में ज्यादा होते हैं जहां माहू एवं सूत्रकृमि (नेमाटोड) की संख्या अधिक होती है। विषाणु रोग रोधिता का सबसे बढ़िया स्त्रोत *प्रेगेरिया चाइलोंसिस* है। इसके अतिरिक्त चीम, नार्थवेस्ट, चुक्साम और टोटेम आदि किस्मों में भी विषाणु रोगरोधिता पाई गई है।

4. कीटरोधिता

वैसे तो स्ट्राबेरी को कई कीट प्रभावित करते हैं परन्तु दो धब्बे वाला माइट एवं माहू सबसे अधिक हानि पहुंचाते हैं। संतति में इन दोनों कीटों के वंशागति के बारे में वैज्ञानिकों ने कई शोधकार्य किए हैं, परन्तु कोई ठोस परिणाम नहीं निकल पाया। दो धब्बे वाले माइट हेतु डीनोर्टे, याक्युना, वेन्टोन, टोटेम, हूड एवं टाई अच्छी किस्में पाई गई हैं, जिनका प्रयोग इन कीटों की प्रतिरोधी किस्में विकसित करने हेतु किया जाना चाहिए।

5. फलन आदत

फलन प्रकृति के आधार पर स्ट्राबेरी को तीन हिस्सों में बांटा गया है। कुछ किस्में एक वर्ष में केवल एक ही फलत देती है और स्ट्राबेरी की अधिकतर किस्में इसी प्रकृति की हैं। कुछ किस्में 2-3 फसलें व कुछ लगातार ही फल देती रहती हैं। वैज्ञानिकों ने माना है कि सदाबहार स्ट्राबेरी के गुण की वंशागति को कई जीन नियंत्रित करते है।

6. शीत सहनशीलता

स्ट्राबेरी क्योंकि ठण्ड़े जलवायु का फल है, अतः किस्मों में शीत सहनशीलता भी उच्च श्रेणी की होनी चाहिए। यूरोपियन देशों में विकसित

किस्मों में शीत सहनशीलता अधिक पाई जाती है क्योंकि उनके विकास में अधिकतर *फ्रेगेरिया विरजिनियाना* उपजाति *ग्लाउका* का उपयोग हुआ है। अर्लीडॉन व हॉवर्ड-17 किस्मों में, अन्य किस्मों की अपेक्षा अधिक शीत सहनशीलता पाई गई है।

7. उच्च ताप सहनशीलता

क्योंकि स्ट्राबेरी शीतोष्ण क्षेत्रों के अतिरिक्त उपोष्ण व समउपोष्ण जलवायु की दशाओं में भी लगाई जाती हैं जहां तापमान अधिक रहता है। अत: शीत सहनशीलता के साथ-साथ किस्मों में उच्च तापमान सहनशीलता भी होनी चाहिए। *फ्रेगेरिया चाइलोंसिस* की अपेक्षा *फ्रेगेरिया विरजिनियाना* की कई जातियों में उच्च ताप सहने की उच्च दर्जे की सहनशीलता होती है। ब्लैकमोर व मिशनरी आदि किस्मों में *फ्रेगेरिया विरजिनियाना* जैसी ही सहनशीलता पाई गई है। उत्तरी भारत के उपोष्ण जलवायु में चांदलर, स्वीट चार्ली, डॉगलास, फर्न, पूसा अर्ली ड्वार्फ आदि किस्में अच्छी पनपती हैं जिससे यही सिद्ध होता है कि ये सभी किस्में उच्च तापरोधी हैं।

8. यांत्रिक तुड़ाई हेतु अनुकूलनशीलता

स्ट्राबेरी की तुड़ाई में सबसे बड़ी समस्या है कि तुड़ाई हेतु पौधों के पास बार-बार जाना पड़ता है क्योंकि फल कभी भी एक समय पर नहीं पकते हैं। अत:, अब स्ट्राबेरी प्रजनक का मुख्य उद्देश्य ऐसी किस्में विकसित करने का है जिन्हें मशीनों द्वारा आसानी से तोड़ा जा सके और इसमें उन्हें सफलता भी मिली है। यांत्रिक तुड़ाई हेतु किस्मों में अच्छी उपज के अतिरिक्त उनमें फल एक समय पकने चाहिए व उनके डंठल लम्बे होने चाहिए। ऐसी किस्मों में गोरेला, सिल्वर जुबली, वीग्लो, ओलम्पस, टोटेम व रैड़चीफ शामिल हैं।

9. भूस्तारी उत्पादन

भूस्तारी उत्पादन दर *फ्रेगेरिया* वंश की विभिन्न जातियों एवं किस्मों पर निर्भर करती है। वैज्ञानिकों का मत है कि यह एक बहुत ही

पेचीदा गुण है जिसका संतति में वंशागति कई जीनों पर निर्भर होता है। अक्सर जो किस्में लगातार फल देती हैं वे बहुत कम या ना के बराबर भूस्तारी बनाती हैं। कभी-कभी ऐसा होता है कि लगातार फलत देने वाली किस्में भूस्तारी भी बनाती हैं। अतः यह स्ट्राबेरी प्रजनक के उद्देश्यों पर निर्भर करता है कि वह भूस्तारी हेतु नई किस्म का प्रजनन करना चाहता है या कि फलन हेतु। उन्हीं उद्देश्यों के मद्देनजर उसे नर व मादा पौधों (किस्मों) का चयन करना चाहिए।

10. विभिन्न मृदाओं के प्रति अनुकूलता

फ्रेगेरिया वंश की जातियां कई प्रकार की मिट्टी में उगाई जा सकती हैं। जैसे *फ्रेगेरिया चाइलोंसिस* को *फ्रेगेरिया विरजिनियाना* या *फ्रेगेरिया वेस्का* की अपेक्षा अधिक रेतीली व अच्छी जल निकास वाली मिट्टी की आवश्यकता होती है। *फ्रेगेरिया चाइलोंसिस, फ्रेगेरिया विरजिनियाना* से ज्यादा सूखारोधी जाति है। इसी प्रकार *फ्रेगेरिया ओरियंटैलिस, फ्रेगेरिया वेस्का* उपजाति *अमेरीकाना* व *फ्रेगेरिया विरजिनियाना* उपजाति *ग्लाउका* आदि में भी सूखा सहन करने की अच्छी क्षमता होती है। *फ्रेगेरिया चाइलोंसिस* में *फ्रेगेरिया वेस्का* की अपेक्षा लवणों की उच्च सांद्रता (1,200 पी.पी.एम.) को सहने की क्षमता पाई गई है।

फलन हेतु उगाई जाने वाली स्ट्राबेरी की किस्में भी मिट्टी की भिन्न-2 दशाओं में विभिन्न प्रतिक्रिया करती हैं। जैसे डेल्टा मिट्टी में, जिसका पी.एच. मान 4.5 से 5.0 होता है, ब्रिटिश शोवरीन किस्म तो अच्छा फल देती है, परन्तु मार्शल नहीं। साधारणतः जंगली स्ट्राबेरी, अम्लीय, उदासीन व क्षारीय मिट्टी में अच्छी पनपती है, परन्तु फलन हेतु उगाई जाने वाली स्ट्राबेरी की किस्में अधिकतर अम्लीय मिट्टी में जिसका पी.एच. मान 5.5-6.5 के बीच हो, में ही अच्छी पनपती हैं। स्ट्राबेरी की कुछ किस्में, मिट्टी व जलवायु की प्रतिकूल दशाओं में भी सहनशील होती हैं जिनका प्रयोग वैज्ञानिक अपने स्ट्राबेरी के सुधार कार्यक्रम में कर सकते हैं (सारणी 9)।

सारणी 9. मृदा विकार एवं प्रतिकूल मौसम हेतु प्रतिरोधी किस्में

क्र.सं.	दशा	किस्में
1.	क्षारीयता सहनशीलता	सोलाना।
2.	कम तापमान के प्रति सहनशीलता	ओगानाला, स्पार्टा, जुबली, जैम, सेंगा सेगाना आदि।
3.	पाले के प्रति रोधिता	अर्लीडॉन, हॉवर्ड-17 आदि।
4.	अधिक तापमान के प्रति सहनशीलता	मिशनरी, ब्लैकमोर, फ्लोरिडा नाईन्टी, क्लोंडाईक, हैडलाइनर, टोरे, लासेन आदि।
5.	सूखे के प्रति सहनशीलता	ब्लैकमोर, मार्शल, स्योरक्रॉप आदि।
6.	कम ठंडक की आवश्यकता	डॉब्रेक, मिशनरी, ब्लैकमोर, फ्लोरिडा नाईन्टी, क्लोंडाईक, हैडलाइनर, टोरे, फ्रेसनो, टियोगा, क्लोमोर, चांदलर, डॉगलास, सेल्वा, पजारो, डोवर, फर्न, फैस्टीवल, लासेन, स्वीटचार्ली आदि।

फलों के विशेष गुण हेतु प्रजनन

1. फलों का नाप

जैसा कि पहले भी कहा जा चुका है कि स्ट्राबेरी की फलत, फल के आकार व नाप पर भी निर्भर करती है। अतः बड़े नाप के फल का काफी महत्व है। बाजार में भी ग्राहक बड़े फलों को ही पसंद करते हैं। अतः स्ट्राबेरी सुधार कार्यक्रम में लगे वैज्ञानिक भी बड़े नाप के फल देने वाली किस्मों के विकास पर ज्यादा ध्यान देते हैं। फल का नाप, साधारणतः फलों के एक गुच्छे में भी विभिन्न होता है। प्राथमिक फूलों पर लगे फल

बड़े नाप के और द्वितीयक, त्रितीयक व चतुर्थक फूलों पर लगे फल क्रमानुसार छोटे होते जाते हैं। फलों के नाप में क्रमानुसार कमी लगभग प्रत्येक किस्म में एक जैसी ही होती है। इसके अतिरिक्त, फल का नाप उनकी संख्या पर भी निर्भर करता है। जिस किस्म में फल अधिक संख्या में आते हैं, उनका नाप अक्सर कम होता है। कैटस्किल, डॉगलास, गोरेला, जैवल, कैंट, पजारो, टाइटन, टोटेम, वेस्पर आदि किस्मों में फल बड़े नाप के होते हैं। भारत में उगाई जाने वाली वेलरूबी, चांदलर, फर्न, सेंगा सेंगाना, सेल्वा, टियोगा आदि में बड़े नाप के फल आते हैं, जिन्हें भविष्य के सुधार कार्यक्रम में प्रयुक्त किया जाना चाहिए।

2. ठोस छिलका व दृढ़ गूदा

स्ट्राबेरी के फल अत्यन्त मुलायम होते हैं, और यदि उनकी तुड़ाई उपरांत ठीक व्यवस्था न की जाए तो वे जल्दी ही सड़ जाते हैं। अतः ठोस छिलके व दृढ़ गूदे वाले फलों का तुड़ाई उपरांत प्रौद्योगिकी में महत्वपूर्ण स्थान हैं। फल के ये दोनों गुण फलों की वृद्धि व पकने के समय वायुमण्डल के तापमान व आर्द्रता पर निर्भर करते हैं, जो एक किस्म विशेष का गुण भी होता है। साधारणतः यह पाया गया है कि उच्च तापमान व आर्द्रता की दशाओं की अपेक्षा कम तापमान व आर्द्रता की दशाओं में फल मुलायम होते हैं। इसके अतिरिक्त, सामायिक क्रियाएं भी फल के गुणों को प्रभावित करती हैं। वैज्ञानिकों द्वारा विकसित ब्लैकमोर स्ट्राबेरी की पहली किस्म है जिसके फल काफी दृढ़ हैं। इसके अतिरिक्त अपोलो, होलीडे, कोरोना, लिन्न, हापिल आदि उत्कृष्ट किस्में हैं जिनका गूदा दृढ़ है। ब्लैकमोर, पजारो, सेल्वा, टियोगा आदि किस्में ठोस छिलके के अतिरिक्त काफी स्वादिष्ट भी है।

3. प्रसंस्करण हेतु गुणवत्ता

संयुक्त राज्य अमेरिका व पोलैंड में स्ट्राबेरी को मुख्यतः प्रसंस्करण हेतु ही उगाया जाता है ताकि इसके कई बहुमूल्य पदार्थ बनाए जा सकें।

फ्रीजिंग (प्रशीतन) हेतु स्ट्राबेरी के फल एक समान आकार, रंग, दृढ़ व अच्छे स्वाद के होने चाहिए। इनमें फ्रीजिंग व प्रसंस्करण के बाद सुस्वाद को बनाएं रखने का गुण होना चाहिए। सुस्वाद वैसे तो वातावरण के तापमान, आर्द्रता व सामयिक क्रियाओं द्वारा निर्धारित होता है, परन्तु यह एक किस्म विशेष का गुण भी होता है। फेयरफैक्स शायद एक ऐसी किस्म है जो संतति में सुस्वाद अच्छे ढ़ंग से स्थानांत्रित करती है। इसके अतिरिक्त अलव्रिटॉन, अर्लीग्लो व कोरोना आदि किस्मों में भी ऐसा ही गुण पाया गया है। कुछ किस्में ऐसी हैं जिनमें आकर्षक लाल रंग व सुस्वाद होता है और ये उनमें फ्रीजिंग के बाद में भी बनाए रखती हैं। कार्डिनल, कार्नवालिस, टोटेम, टाई, वाइब्रेंट, वीगाम आदि ऐसी ही कुछ किस्में हैं, जिनका प्रयोग नई किस्में विकसित करने हेतु किया जाना चाहिए।

4. अच्छी गुणवत्ता के गुण

स्ट्राबेरी में फलों के नाप, आकार, रंग व सुस्वाद के अतिरिक्त संपूर्ण घुलनशील ठोस पदार्थ (टी.एस.एस.), अम्लता व विटामिन 'सी' आदि की भी महत्वपूर्ण गुणवत्ता के गुणों में गिनती की जाती है। ऊपरलिखित गुणों की भांति फलों की गुणवत्ता भी मौसम, सामायिक क्रियाओं व किस्म विशेष द्वारा प्रभावित होते हैं। सारणी 10 में कुछ किस्मों एवं उनके विशेष गुणों का ब्यौरा दिया गया है जिनका प्रयोग नई किस्मों के विकास हेतु किया जा सकता है।

सारणी 10. कुछ इष्ट (अच्छे) गुणों वाली स्ट्राबेरी की किस्में

क्र.सं.	इष्ट गुण	किस्में
1.	मशीन द्वारा तुडाई के लिए उपयुक्त	गोरेल्ला, पुगेट ब्यूटी, ऑलम्पस, टोटेम, रैडचीफ, मिमाक, प्रिमेक आदि।
2.	दृढ़ ढ़कनी (कैलिक्स)	सेंगा सेंगाना, अबन्डेंस, टेनीस ब्यूटी, टियोगा, टोरे, फ्रेसनो, जुकुंडा, जुप्सा आदि।

3.	अच्छी प्रसंसाधन गुणवत्ता	मिडलैंड, अर्लीडॉन, टियोगा, टोरे, मार्शल, स्पार्कल, कैटस्किल, अबन्डेंस, सेंगा सेंगाना आदि।
4.	जमने (फ्रीजिंग) हेतु	अर्लीडाउन, मिडलैंड, फेअरफैक्स, मार्शल, अलब्रिटॉन, योग्य कैम्ब्रिज वीगर, मिडलैंड, सोलाना, कैम्ब्रिज फेवरेट, तालिसमान आदि।
5.	अच्छी सुवास	फैयरफैक्स, अलब्रिटॉन, मिडलैंड, अर्लीडॉन, मार्शल, कैम्ब्रिज वीगर, मिडलैंड, सोलाना, कैम्ब्रिज फेवरेट, तालिसमान, अर्लीग्लो, नॉर्थवैस्ट, डोरसेट, फ्लैचर, सेंगा प्रिकोसा आदि।
6.	उच्च एस्कार्बिक अम्ल	मार्शल, नॉर्थवैस्ट, कैटस्किल, टेनीस ब्यूटी आदि।
7.	आकर्षक लाल गूदा	कार्डिनल, कॉर्नवालिस, अर्लीबेले, अर्लीडॉन, रैनियर, सुकसान, टोटेम, टाई, वान्टेज, वीगेम, वाइब्रेंट आदि।
8.	दृढ़ गूदा	ब्लैकमोर, टेनीस सिपर, अलब्रिटॉन, अपोलो, कार्डिनल, कॉर्नवालिस, कोरोना, फ्रेसनो, गोरेल्ला, हापिल, हॉलीडे, सेंगा सेंगाना आदि।
9.	बड़े फल	बेलरूबी, शास्ता, सोलाना, फ्लोरिडा नाईन्टी, कैटस्किल, डॉगलास, गोरेल्ला, गॉर्डिअन, जेवेल, केन्ट, पजारो, रॉबिंसन, साइक्लोन, अर्लीडॉन, टाईटन, टोटेम, वेस्पर आदि।

10.	ग्रीन हाऊस में उगाने योग्य	अलिसो, रोसेला, हॉनोई, गोरेल्ला, बेलरूबी, एलसांटा, ब्रिगटॉन, फर्न, सेल्वा, फ्रेसनो, लासेन, डॉगलास, चांदलर आदि।
11.	आकर्षक चमकीलापन	वेस्पर, अर्लीडॉन, अलब्रिटॉन, टियोगा, रैडकोट, एम्पायर, सेंगा प्रिकोसा, रैडगाउंटलैट आदि।

फल सुधार कार्यक्रम की उपलब्धियां एवं संभावनाएं

फसल सुधार कार्यक्रम एक ऐसी प्रक्रिया है जिसका कोई अन्त नहीं है। प्रजनक वर्तमान में विद्यमान समस्याओं को निराकरण करने हेतु नई किस्मों का विकास करते हैं परन्तु फिर नई समस्यायें आ जाती हैं जिन पर उन्हें दोबारा से नए उद्देश्यों के साथ फसल सुधार कार्यक्रम शुरू करना होता है। स्ट्राबेरी में फल सुधार कार्यक्रम 1920 में शुरू हुआ और अब तक वैज्ञानिकों ने काफी कुछ सफलता पाई है, परन्तु अभी काफी कुछ करने को शेष भी है। 1900 में हॉवर्ड-17 एक सर्वाधिक लोकप्रिय किस्म थी, जिसमें कई मनचाहे गुणों के कारण उसे प्रजनकों ने अपने फसल सुधार कार्यक्रम में अधिकाधिक स्थान दिया ताकि इसके कुछ अच्छे गुणों का प्रयोग करके नई किस्मों का विकास हो, जिसमें उन्हें भारी सफलता भी मिली। इस समय 39 ऐसी संकर किस्में हैं जिनमें हॉवर्ड-17 एक जनक है एवं यह 87 अन्य किस्मों की पैतृकता में भी शामिल है। वीवर, ब्लैकमोर, कैटस्किल, अर्लीमोर, फेयरमोर, मिडलैंड़, रैडगोल्ड, रोविन्सन, टीनेज ब्यूटी, टीनेज सुफ्रीम, वेल्नटायन आदि प्रमुख किस्में हैं जिनमें हॉवर्ड-17 एक जनक है, जबकि अलव्रिटॉन, कैम्ब्रिज फेवरट, डिक्सीलैंड, फ्लेयर, हैडलाइनर, क्लोमोर, मिड़वे, पगेट ब्यूटी, रैडकोट, रैड्ग्लो, रैडगाउंटलेट, शास्ता, सियार, स्योरक्रॉप, टियोगा, टोरे व वर्मिलियोन आदि किस्मों की पैतृकता में शामिल हैं।

स्ट्राबेरी प्रजनन क्रिया की लोकप्रियता का अनुमान इससे भी लगाया जा सकता है कि पुरानी किस्मों को आए दिन नई किस्में विकसित करके बहुत तेजी से बदला जा रहा है। पुराने जमाने की अपेक्षा इस युग में नई किस्मों का विकास तेजी से हो रहा है। अतः पुरानी किस्मों को भी नई किस्मों द्वारा उसी तेजी से बदला जा रहा है, परन्तु अभी भी वैज्ञानिकों को वंशागति के गुणों, पैतृक पौधों (किस्मों) के प्रजनन व्यवहार और चयनित गुणों का संतति में समावेश आदि पर बहुत शोध की आवश्यकता है। हालांकि आधुनिक प्रजनन सुधार कार्यक्रम द्वारा कई महत्वपूर्ण किस्मों का विकास हो चुका है परन्तु अभी भी हमें एक आदर्श किस्म का इंतजार है जिसमें सभी मनचाहे गुणों का समावेश हो और शायद यह अत्यन्त कठिन व चुनौतीपूर्ण काम है। भविष्य में स्ट्राबेरी के प्रजनकों हेतु सबसे मुख्य शोधकार्य रैडस्टीली जड़ सड़न रोग, *वर्टीसीलियम* (उक्ठा रोग), सफेद चूर्णी रोग, फल सड़न रोग, माईट व सूत्रकृमियों के प्रति सहनशीलता आदि के गुणों वाली किस्मों के विकास का होना चाहिए। इस बदले परिवेश की मांग है कि प्रजनन बायोटैक्नोलॉजी की आधुनिक तकनीकों का प्रयोग कर ऐसी किस्मों का विकास करें।

स्ट्राबेरी प्रजनकों के अथक प्रयासों से पिछले 20 वर्षों में संसार के विभिन्न भागों में ट्रिब्यूट, ट्राईस्टार, चांदलर, स्वीट चार्ली, फर्न, पजारो, डॉगलास, लागुणा, जेबल, क्वेस्टा, डोना, कैण्टिोला, कैमरोसा, कैल्पिसो, ब्लोमिडोन, टेरूनाका, टोटेम, कोरोना और सेंगा सेंगाना आदि किस्मों का विकास हुआ है। भारत में स्ट्राबेरी फसल सुधार कार्यक्रम 1960 के दशक के शुरू में भारतीय कृषि अनुसंधान संस्थान, नई दिल्ली-110012 के क्षेत्रीय अनुसंधान केन्द्र, कटराईं (हि.प्र.) व राष्ट्रीय पादप आनुवंशिकीय ब्यूरो, नई दिल्ली के क्षेत्रीय अनुसंधान केन्द्र, शिमला (हि.प्र.) में शुरू हुआ। शुरू में अन्य देशों से कई किस्में आयतित की गईं परन्तु उन किस्मों का प्रदर्शन हमारे देश की जलवायु में उतना अच्छा नहीं था। बाद में क्षेत्रीय अनुसंधान केन्द्र, कटराईं द्वारा पूसा अर्ली ड्वार्फ व कटराईं स्वीट नाम की दो किस्मों का विकास किया गया। 1970 के बाद शिमला, पालमपुर, सोलन

(हिमाचल प्रदेश), चौबटिया, अल्मोड़ा (उत्तरांचल), सहारनपुर (उत्तर प्रदेश) आदि में भी दूसरे देशों से और नई किस्में आयतित की गईं। उन किस्मों में से वैज्ञानिकों ने हिमाचल प्रदेश की मध्यम पहाड़ी क्षेत्रों हेतु टियोगा व टोरे किस्मों को उगाने का अनुमोदन किया। रैडकोट किस्म को उत्तर प्रदेश के कई क्षेत्रों में अच्छा पाया गया। उत्तरी भारत के मैदानी भागों हेतु चांदलर, डॉगलास, फर्न, पजारो आदि किस्में अच्छी पाई गई हैं। अभी हाल ही में फ्लोरिडा (संयुक्त राज्य अमेरिका) से स्वीट चार्ली किस्म आयतित की गई है जो उत्तर भारत के मैदानी क्षेत्रों के साथ-साथ पहाड़ी क्षेत्रों मे भी अच्छी फलत दे रही है। कुछ साल पहले भारतीय कृषि अनुसंधान संस्थान के शिमला स्थित क्षेत्रीय अनुसंधान केन्द्र के वैज्ञानिकों ने जुतोग स्पैशल व शिमला डिलिशियम किस्मों का विकास किया है। इन किस्मों के फल तो छोटे होते हैं परन्तु गुणवत्ता अन्य किस्मों से काफी अच्छी पाई गई है। सेंगा सेंगाना किस्म भी मध्यम ऊंचाई वाले पहाड़ी क्षेत्रों के लिए एक अच्छी किस्म है।

26. आय-व्यय का लेखा-जोखा

प्रत्येक कृषि उद्योग के आय-व्यय का लेखा-जोखा एक महत्वपूर्ण भाग होता है। हर किसान का मुख्य उद्देश्य यही रहता है कि अपनी जमीन पर लगने वाली लागत को कम करके अधिक से अधिक लाभ कमाया जाए। लेकिन, अब यह कठिन होता जा रहा है क्योंकि दिन-प्रतिदिन अन्य साधन सीमित हो रहे हैं तथा जमीन पर लगने वाली लागत भी बढ़ रही है। कृषि व्यवयाय में तभी फायदा है यदि निवेश/उत्पाद सामग्री हेतु (बीज, खाद, दवाएं आदि) का दक्षतापूर्ण उपयोग करके कृषि क्षमता को हासिल किया जाए। फसल पैदा करने के लिए कई प्रकार के सामान व सेवाओं की आवश्यकता पड़ती है जो कि बहुत ही विषम प्रकृति की होती हैं। सामान्यत: आय-व्यय के लेखा-जोखा में जमीन की कीमत (किराया), मानव श्रम, पशु श्रम, मशीन शक्ति, भवन, निवेश/उत्पाद सामग्री इत्यादि शामिल हैं। उत्पादन लागत को कृषि के तौर-तरीकों के अनुसार भी अलग-अलग भागों में बांटा गया है। साधारणत: स्ट्राबेरी के उत्पादन में भूमि की तैयारी, रोपण सामग्री, रोपण से पहले मृदा व पौध उपचार, रोपण, खाद एवं उर्वरक, पलवार, खरपतवार नियंत्रण, सिंचाई, कीट व रोगों से सुरक्षा, पशु-पक्षियों से सुरक्षा, तुड़ाई, पैकिंग तथा परिवहन खर्च इत्यादि शामिल हैं। उत्पादन पर जो भी खर्च आता है उसे व्यय में जोड़ा जाता है। उदाहरण के तौर पर, जमीन का खर्च, मजदूरी, उपकरण तथा निवेश/उत्पाद सामग्री की लागत को जोड़कर आय-व्यय के ब्यौरे की गणना की जाती है। खासकर स्थानीय स्तर पर आय-व्यय का लेखा-जोखा निकालना एक कठिन कार्य है, क्योंकि लागत के सभी भागों में समय-समय पर बदलाव होता रहता है। जैसे, मजदूरों की उपलब्धता, भूस्तारी की कीमत, खाद व उर्वरकों, सिंचाई के साधन, कीटनाशी व कवकनाशी आदि पर व्यय समय-समय व जगह के अनुसार बदलता रहता है। हालांकि, मैदानी क्षेत्रों

की अपेक्षा पहाड़ों पर स्ट्राबेरी के उत्पादन का खर्चा ज्यादा आता है। हमारा अनुभव यह है कि यदि स्ट्राबेरी की खेती वैज्ञानिक ढंग से ही जाए तो उत्पादक एक हैक्टेयर क्षेत्रफल से लगभग 2.5 लाख रूपये तक आदमनी ले सकता है। स्ट्राबेरी उत्पादन पर होने वाले अनुमानित आय-व्यय का लेखा-जोखा सारणी 11 में दिया गया है।

सारणी 11. प्रति हैक्टेयर के आधार पर स्ट्राबेरी उत्पादन का आय-व्यय का लेखा जोखा

क्र.सं.	विवरण	लागत (रू.)
1.	पौधों की कीमत (50,000 पौधे/है.) @ 2 रू. प्रति पौधा	1,00,000
2.	भूमि की तैयारी	
	अ. जुताई (एक मिट्टी पलटने वाले हल से तथा 5 जुताई कल्टीवेटर से) (प्रति हैक्टेयर 500 रू. प्रति जुताई)	3,000
	ब. सडी गोबर की खाद एवं कीटनाशक की कीमत (500 क्विंटल खाद @ 30 रू./क्विंटल)	15,000
	स. क्यारियां तैयार करना (50 मजदूर @ 90 रू. प्रति दिन/मजदूर)	4,500
3.	पौध रोपण का खर्च	
	अ. पौध उपचार (फफूंदी नाशक की कीमत + 2 मजदूर)	500
	ब. रोपण (50 मजदूर @ 90 रू. प्रति दिन/मजदूर)	4,500
	स. फव्वारे द्वारा सिंचाई (5 मजदूर @ 90 रू. प्रति दिन/मजदूर)	4,500
4.	सूक्ष्म/ड्रिप सिंचाई प्रणाली इकाई लगाने का खर्चा	60,000

5.	कृषि क्रियायें	
	अ. उर्वरक प्रयोग (उर्वरक की कीमत + उर्वरक मिलाने का खर्चा)	10,000
	ब. मल्चिंग/पलवार (मल्चिंग सामान की कीमत + मजदूरी)	5,000
	स. खरपतवार नियंत्रण/निराई-गुडाई (खरपतवारनाशी की कीमत + मजदूरी)	1,000
	द. कीट-पतंगे तथा रोग नियंत्रण (कीटनाशी, फफूंदीनाशक की कीमत + मजदूरी)	5,000
	ड. 2-3 महीने तक प्लास्टिक से ढ़कने का खर्चा	10,000
	न. नायलॉन की जाली से ढ़कने का खर्चा	10,000
6.	फलों की तुड़ाई (5 मजदूर, 30 दिन @ 90 रू. प्रति दिन/मजदूर)	12,000
7.	अन्य खर्चा	5,000
8.	कर्ज पर बैंक का ब्याज	10,000
	अ. कुल खर्चा	2,61,000
	ब. आमदनी	
	फलों की बिक्री से (80 क्विंटल @ 55 रू. प्रति कि.ग्रा.)	4,40,000
	पौधों की बिक्री (25,000 पौधे @ 2 रू. प्रति पौधा)	50,000
	स. कुल आमदनी	4,90,000
	द. शुद्ध लाभ (स-अ)	2,29,000

नोट : अगले वर्ष फसल को तैयार करने में खर्चा कम रहेगा तथा शुद्ध लाभ और भी बढ़ेगा, क्योंकि पौधों की कीमत, रोपण व खेती की तैयारी आदि का खर्चा बचेगा।

27. भविष्य की संभावनाएं

हमारा देश भारत, चीन के बाद फलोत्पादन मे विश्व में द्वितीय स्थान पर है। हमारे देश में विभिन्न जलवायु की दशाओं में लगभग 70 फलों की बागवानी की जाती है। शीतोष्ण जलवायु में उगाए जाने वाले प्रमुख फलों में स्ट्राबेरी की गिनती एक बहुत ही नाजुक, सुस्वाद व ताजगी देने वाले फलों में की जाती है। शायद बहुत कम फल स्ट्राबेरी जैसे हैं जो रोपण के 6 महीनों के भीतर ही किसान को उनकी लागत पर अधिकाधिक लाभ देते हैं। शायद यही कारण है कि स्ट्राबेरी लाखों लोगों का पसंदीदा फल बन चुका है। संसार के विभिन्न भागों में अत्यन्त लोकप्रिय होने के बावजूद स्ट्राबेरी भारत में इतना लोकप्रिय नहीं हो सका जितना इसे होना चाहिए था। हमारे अनुसार इस फल के हमारे देश में कम लोकप्रिय होने के निम्नलिखित प्रमुख कारण हैं:

1. आयतित किस्मों की भारतीय दशाओं में कम अनुकूलनता

स्ट्राबेरी की विभिन्न किस्मों को साठ से दशक में सबसे पहले हिमाचल प्रदेश के पहाड़ी क्षेत्रों जैसे शिमला, सोलन, पालमपुर; उत्तरांचल के देहरादून, चौबटिया तथा उत्तर प्रदेश के सहारनपुर आदि क्षेत्रों में लाया गया। शुरू में उस समय आयतित की गई किस्मों की भारतीय दशाओं में सही अनुकूलनता नहीं रही क्योंकि उस समय किस्में मुख्यतः संयुक्त सोवियत संघ, कनाड़ा, इटली आदि से आयात की गई थीं। इन देशों की जलवायु की दशाएं भारतीय जलवायु से मेल नहीं खाती हैं। शायद उस समय किस्मों का गलत चयन ही स्ट्राबेरी की खेती को बढ़ाने में सबसे बड़ी बाधा रही।

2. शोधकार्य पर कम ध्यान का दिया जाना

हालांकि उस समय आयतित किस्मों का चयन ही गलत हुआ परन्तु इसके साथ इस फल पर शोध कार्य पर भी बिल्कुल ध्यान नहीं दिया

गया। शायद 2-3 संस्थानों ने ही इस महत्वपूर्ण फल पर शोधकार्य शुरू किया जिन्हें भी सरकार की तरफ से कोई खास आर्थिक सहायता प्रदान नहीं की गई। सही आर्थिक व्यवस्था न होने के कारण भी शायद उस समय इस फल के व्यावसायिक उत्पादन हेतु कोई विशेष सामायिक क्रिया की सिफारिश नहीं हो सकी।

इसके अलावा जिस संस्थान ने भी इस पर शोधकार्य किया वे सभी शीतोष्ण जलवायु के क्षेत्रों में ही थे जबकि हमारे देश का प्रमुख भू-भाग समउपोष्ण या उपोष्ण जलवायु में आता है। अतः उस समय जो भी शोधकार्य हुआ उसका उपयोग गर्म जलवायु वाले क्षेत्रों में स्ट्राबेरी उगाने हेतु नहीं किया जा सका और यह भी स्ट्राबेरी की खेती के आगे न बढ़ने का कारण बना।

3. किसानों की कम दिलचस्पी

शुरू-शुरू के वर्षों में किसानों ने इस फल को उगाने में अधिक दिलचस्पी नहीं ली। उनके ऐसे विचार थे कि इस फल की खेती करने हेतु अधिक पैसे व मजदूरों की आवश्यकता होती है जबकि उस हिसाब से पैसा कम मिलता है।

4. फसल की शाकीय प्रकृति

स्ट्राबेरी एक छोटा सा झाड़ीनुमा शाकीय पौधा होता है जिससे फलत लेने हेतु लगातार देखभाल की आवश्यकता होती है। किसानों में शायद यह भी भय था कि शाकीय पौधा होने के कारण इस नाजुक फल से अच्छी आमदनी लेना असंभव है।

5. रोपण हेतु विशुद्ध पौधों का अभाव

हमारे देश का यह दुर्भाग्य ही कहा जा सकता है कि हमें कभी भी बाग लगाने हेतु विशुद्ध पौधे नहीं मिलते। स्ट्राबेरी की खेती में भी यह प्रमुख समस्या है। इसके वैसे तो कई कारण है परन्तु स्ट्राबेरी की व्यावसायिक खेती में मुख्यतः किस्मों का कम भूस्तारी बनाना एवं विशुद्ध पौधों का न मिलना रहा है।

6. विपणन की समस्या

क्योंकि स्ट्राबेरी के फल बहुत ही नाजुक होते हैं, अत: जितनी जल्दी हो सके इन्हें बाजार में बिक्री की व्यवस्था होनी चाहिए। साठ के दशक में भी किसानों ने स्ट्राबेरी को लगाने की कोशिश की थी परन्तु इसे बेचने हेतु व्यवस्थित बाजार न होने के कारण उन्होंने भी इसे बन्द कर दिया।

हालांकि बाद में कई नई किस्में आयात की गईं जो भारतीय जलवायु के अनुकूल सिद्ध हुई और इस समय भी अच्छी पनप रही हैं। इसके अतिरिक्त कई नए सस्थानों में शोध कार्य शुरू हुआ, जिनमें नई-नई तकनीकों का मानकीकरण हुआ। इन सभी कारणों के कारण उत्तरी भारत के मैदानी भागों में भी किसानों में सोच जागी व उनमें से अधिकतर ने इसकी खेती करनी शुरू की।

भविष्य में ध्यान देने वाली बातें

हालांकि स्ट्राबेरी की खेती के अर्न्तगत क्षेत्रफल, उत्पादन व उत्पादकता दिन प्रतिदिन बढ़ रहे हैं। परन्तु हमारे अनुसार अभी भी बहुत कुछ करना बाकी हैं। जिन बातों पर अधिक ध्यान देने की आवश्यकता है उनमें से प्रमुख बातों का संक्षिप्त विवरण निम्नलिखित है:

1. फ्लोरिड़ा की किस्मों को आयतित करना

विभिन्न प्रयोगों से पाया गया है तथा वैज्ञानिकों का मत है कि जो किस्में आज तक फ्लोरिडा (संयुक्त राज्य अमेरिका) से आयतित की गईं हैं जैसे चांदलर, डॉगलास, फर्न आदि, वे भारत के उष्ण एवं उपोष्ण क्षेत्रों में अच्छी फूलती एवं फलती है। परन्तु इन किस्मों में भी कोई न कोई कमी है। अत: भविष्य में भी फ्लोरिडा से किस्में लाई जानी चाहिए व उनका मूल्यांकन व आंकलन कर उन्हें उगाने हेतु देश के विभिन्न क्षेत्रों हेतु सिफारिश की जानी चाहिए।

2. सघन शोध कार्य

स्ट्राबेरी में फलन, प्रजनन एवं सुधार कार्यक्रम केवल एक विश्वविद्यालय (उद्यान एवं फॉरेस्ट्री विश्वविद्यालय, सोलन, हि.प्र.) व दो-तीन कृषि अनुसंधान सस्थानों में चल रहा है, जोकि अपर्याप्त है। हमें अपनी दशाओं के अनुकूल नई किस्मों के विकास हेतु शोध कार्यक्रम को नये उद्देश्यों के साथ और भी सघन करना होगा। हमारे देश में कई क्षेत्रों में स्ट्राबेरी रोगों का पता चला हैं परन्तु उन पर कोई भी शोध कार्य नहीं हुआ। अतः प्रजनन कार्यक्रम के साथ-साथ नए-नए रोगों के लक्षणों, कारणों व उनकी रोकथाम हेतु भी शोधकार्य प्रारंभ किए जाने चाहिए।

3. रोपण हेतु विशुद्ध पौधों की पूर्ति करना

भारत में चांदलर, डॉगलास, फर्न, टियोगा, टोरे एवं रैडकोंर आदि किस्में ही मुख्य रूप से उगाई जाती हैं परन्तु इन किस्मों के विशुद्ध पौधे मिलना ही मुश्किल होता है। इसके अतिरिक्त कई देशों में ऊतक संर्वधन से ही पौधे तैयार किए जाते हैं जिनसे अच्छी गुणवत्ता वाली फलत मिलती है। भारत में केवल 2-3 निजी संस्थाएं ही इस कार्य में लगी हैं जोकि पर्याप्त संख्या में ऊतक संवर्धित पौधों की पूर्ति नहीं कर पाती हैं। अतः, हमारी सलाह है कि निकट भविष्य में ऊतक संवर्धित पौधे तैयार करने पर विशेष बल दिया जाए ताकि किसानों को वांछित किस्मों के अच्छे व पर्याप्त संख्या में पौधे मिल सकें।

4. आधुनिक पैकिंग

स्ट्राबेरी एक बहुत ही मुलायम फल है और थोड़ी सी लापरवाही पर भी खराब हो जाता है। अतः फलों को सुन्दर व आकर्षक प्लास्टिक के डिब्बों में ही पैक करना चाहिए जो अधिकतर किसान नहीं करते। किसानों को स्ट्राबेरी की पैकिंग हेतु ही मुख्यरूप से बनाए गए प्लास्टिक के छोटे-छोटे डिब्बों (डलिया) में पैक करने की सलाह दी जानी चाहिए। ये डिब्बे फलों को कई दिनों तक सुरक्षित रखते हैं और सुन्दर होने के कारण ग्राहकों को अपनी ओर आकर्षित भी करते हैं।

5. सहकारी व ठेकेदारी खेती पर जोर

स्ट्राबेरी की विपणन की समस्या को ध्यान में रखते हुए किसानों के बीच सहकारी एवं ठेकेदारी वाली खेती के महत्व को समझाना चाहिए। सहकारी बागवानी महाराष्ट्र में आम व अंगूर के लिए अत्यन्त सफल सिद्ध हुई है। इसी की तर्ज पर अब इस प्रकार की बागवानी हेतु आन्ध्र प्रदेश व कर्नाटक में भी सफल प्रयोग हो रहे हैं। स्ट्राबेरी की खेती हेतु भी इसी तर्ज पर कार्य किया जाना चाहिए।

6. मैदानी क्षेत्रो में भूस्तारी उत्पादन हेतु तकनीक का मानकीकरण

भारत में मैदानी क्षेत्रों के किसान स्ट्राबेरी के पौधे पहाड़ी क्षेत्रों के किसानों से खरीदते हैं। स्ट्राबेरी में एक हैक्टेयर क्षेत्रफल हेतु 50-60 हजार पौधे लगते हैं जिनकी कीमत 1-1.25 लाख के लगभग आती है। इतना ही नहीं, इतनी राशि की आवश्यकता प्रतिवर्ष पड़ती है क्योंकि प्रतिवर्ष पौधारोपण करना होता है। मैदानी भागों में भूस्तारी से पौधे तैयार करना काफी कठिन काम होता है, क्योंकि भूस्तारियों को मई-जून की भीषण गर्मी से बचाना असंभव सा कार्य है। अतः अब इन क्षेत्रों में भूस्तारी द्वारा पौधे तैयार करने की तकनीक का मानकीकरण आवश्यक है, ताकि मैदानी भागों के किसानों के लिए स्ट्राबेरी की व्यावसायिक बागवानी एक लाभप्रद व्यवसाय बन जाए।

7. आधारभूत आंकड़े

भारत में भी अब कई किसान स्ट्राबेरी की खेती कर रहे हैं परन्तु इसके क्षेत्रफल, उत्पादन व उत्पादकता आदि पर किसी प्रकार की सांख्यिकी उपलब्ध नहीं है। जबकि सांख्यिकी आधारभूत आंकड़े किसी भी विश्वनीय शोध एवं प्रसार कार्यक्रम के अभिन्न अंग होते हैं। अतः क्षेत्रफल व उत्पादन आदि की सूचना को एकत्रित कर उसे संकलित करने की अत्यन्त आवश्यकता है जिसका उपयोग वैज्ञानिक एवं कृषि प्रसार अधिकारी अपने कार्यक्रमों में कर सकते हैं।

28. व्यावसायिक खेती : कुछ आवश्यक सुझाव

स्ट्राबेरी एक बहुत ही नाजुक फल है जिसे संसार के कई क्षेत्रों में व्यावसायिक स्तर पर उगाया जाता है। परन्तु यह मुख्यतः शीतोष्ण जलवायु का फल है जहां यह भली-भांति फूलता व फलता है। भारत में इसकी खेती कुछ पहाड़ी क्षेत्रों व उत्तरी व दक्षिणी भारत के कुछ मैदानी क्षेत्रों तक ही सीमित थी क्योंकि अच्छी व उन्नत किस्मों के अभाव, तकनीकी ज्ञान की कमी व शोध कार्यक्रम में अभाव आदि के कारण यह अधिक नहीं पनप सकी। परन्तु अब उत्पादन प्रौद्योगिकी में ज्ञान की वृद्धि, नई किस्मों के विकास एवं नये-नये शोध कार्यक्रमों आदि के कारण किसानों की स्ट्राबेरी की खेती में रूचि दिन प्रतिदिन बढ़ती जा रही है। हालांकि व्यावसायिक स्तर पर इसकी खेती शुरू करने से पहले निम्नलिखित बातों पर ध्यान देना आवश्यक है:

1. स्ट्राबेरी की व्यावसायिक खेती हमेशा उस क्षेत्र में शुरू करें जहां पर पहले भी कुछ किसान इसकी खेती करते हों।
2. फलों के नाजुकपन को ध्यान में रखते हुए सहकारी खेती बहुत लाभप्रद सिद्ध हो सकती है। सहकारी खेती करने से बाजार व परिवहन की समस्या काफी हद तक हल हो जाती है। ऐसी खेती करने से पक्षियों द्वारा भी कम हानि पहुंचाई जाएगी।
3. क्षेत्र विशेष की मिट्टी व पानी उस क्षेत्र में खेती को सफल या असफल करने हेतु दो मुख्य कारक हैं। परन्तु किसान इन्हें कभी भी महत्व नहीं देते। हमारी सलाह है कि स्ट्राबेरी की खेती शुरू करने से पहले मिट्टी व पानी की जांच किसी विश्वसनीय प्रयोगशाला में अवश्य करवाएं। यदि वहां की मिट्टी व पानी स्ट्राबेरी की फसल के अनुरूप हैं तभी वहां इसकी खेती शुरू करें।

4. खेत की दो-तीन बार जुताई करें। खेत में हरी खाद, खाद व उर्वरक मिलाएं व मनचाहे आकार की क्यारियां तैयार कर लें।

5. स्ट्राबेरी के फलों का अत्यन्त नाजुक होने के कारण इस फल का विपणन बहुत कठिन होता है। अत: यह सुझाव दिया जाता है कि जहां तक संभव हो, इसकी खेती किसी कस्बे, बाजार, शहर या किसी प्रसंस्करण इकाई के नजदीक ही शुरू करें।

6. उस क्षेत्र में जहां इसकी खेती शुरू करें, आने जाने व फल भेजने हेतु सड़क, रास्ते व अच्छी परिवहन व्यवस्था होनी चाहिए।

7. अन्य फलों की अपेक्षा स्ट्राबेरी की जड़ें उथली व छोटी-छोटी होती हैं, जिस कारण इसे थोड़े-थोड़े अन्तराल पर परन्तु कम पानी की आवश्यकता होती है। अत: उस क्षेत्र में पानी की किल्लत नहीं होनी चाहिए।

8. स्ट्राबेरी के पौधे पर भी फल विभिन्न समय पर पकते हैं। अत: इसके फलों की तुड़ाई बार-बार करनी पड़ती है और इस कार्य के लिए बहुत मजदूरों की आवश्यकता पड़ती है। इसलिए सुझाव दिया जाता है कि जहां इसकी खेती शुरू करनी हो वहां पर पर्याप्त संख्या में मजदूर उपलब्ध हों।

9. जहां तक संभव हो, खेती के लिए किसान को स्वयं ही पौधे तैयार करने चाहिए। यह एक ऐसा फल है जिसके नये पौधे एक अनपढ़ व्यक्ति भी तैयार कर सकता है। हालांकि उत्तरी भारत के मैदानी भागों में नये पौधे तैयार करना एक कठिन काम है क्योंकि जब नये पौधे बनते हैं तो उस समय इन क्षेत्रों में तापमान 40 डिग्री सेंटीग्रेड़ से भी अधिक हो जाता है। इस गर्मी में नये पौधों को बचाना बहुत मुश्किल होता है। अत: उत्तरी भारत के मैदानी क्षेत्रों में रहने वाले किसानों को हमारी सलाह है कि वे पहाड़ी क्षेत्रों से ही किसी विश्वसनीय निजी नर्सरी, कृषि विश्वविद्यालय या भारतीय कृषि अनुसंधान परिषद् के किसी अनुसंधान केन्द्र या

राज्य अनुसंधान के किसी केन्द्र से ही नये पौधे खरीदें। याद रखें कि हिमाचल प्रदेश के कुछ पहाड़ी क्षेत्रों (शिमला, सोलन, कुल्लू) में किसान स्ट्राबेरी के पौधे बनाने का ही व्यवसाय कर रहे हैं और एक एकड़ क्षेत्र से लाखों रूपये कमा रहे हैं। टाटा ऊर्जा अनुसंधान संस्थान, जोरबाग, नई दिल्ली (TERI, New Delhi) द्वारा ऊतक संर्वधन द्वारा भी पौधे तैयार किए जाते हैं। ये पौधें कुछ महंगे जरूर होते हैं परन्तु वे अच्छी गुणवत्ता वाले होते हैं। अत: यदि संभव हो तो ऊतक संवर्धन द्वारा तैयार पौधे ही लगाएं।

10. शुरू में हमेशा 3-4 किस्में लगाएं क्योंकि एक किस्म किसी जगह विशेष में कई कारणों (कीट, रोगों या अन्य कारकों) से असफल भी हो सकती है।

11. पौधों को ऊंची, उठी हुई क्यारियों में लगाना चाहिए। क्यारियों के बीच न लगाकर पौधों को किनारों पर लगाएं, ताकि सिंचाई के बाद पानी पौधों तक न पहुंचकर मात्र जड़ों तक ही सीमित रहे।

12. जहां तक संभव हो, अच्छी जड़ों बाले स्वस्थ पौधों को लगाएं। लगाने से पहले रोगग्रसित पीली पत्तियों एवं जड़ों को निकाल दें।

13. पौधों को सही समय पर लगाएं। पहाड़ी क्षेत्रों में अगस्त-सितम्बर एवं उत्तरी भारत के मैदानी क्षेत्रों में अक्टूबर का अन्तिम या नवम्बर का प्रथम सप्ताह हो उचित रोपण समय है। हालांकि मौसम के मिजाज (मुख्यत: तापमान) को देखकर यह समय आगे या पीछे किया जा सकता है। उदाहरणत: यदि अक्टूबर के तीसरे या चौथे सप्ताह में तापमान गिर जाए जो रोपण कर दें और यदि तापमान अधिक हो तो रोपण नवम्बर के प्रथम सप्ताह में करें।

14. यदि रोपण नवम्बर के प्रथम सप्ताह में किया जाए तो स्ट्राबेरी के पौधों की बढ़वार बहुत ही कम होती है, क्योंकि उस समय शरद ऋतु शुरू हो जाती है। अत: पौधों की अच्छी बढ़वार हेतु नवम्बर

में पौधों पर पॉलिथीन का घर बना लें। परन्तु ध्यान रखें कि इस पॉलीगृह के दो किनारे दिन में अवश्य खोलें ताकि अन्दर आर्द्रता अधिक न हो सके। ऐसा न करने से ये घर लाभ की अपेक्षा हानि अधिक करते हैं।

15. स्ट्राबेरी के पौधों की जड़ें बहुत छोटी व उथली होती हैं। इसलिए इसे बारम्बार पानी की आवश्यकता होती है। अतः पानी की बारम्बारता पर ध्यान रखें।

16. यदि जड़ों के पास कुछ समय के लिए भी पानी इकट्ठा रहे तो उनके सड़ने का भी उतना ही भय रहता है। अतः ध्यान रखें कि पानी पौधों के पास इकट्ठा न रहे जिसके लिए निकास की उचित व्यवस्था होनी चाहिए।

17. पानी का उचित प्रयोग हेतु बौछारी या छिड़काव अथवा टपकाव प्रणाली अपनाएं। इन दोनों प्रणालियों हेतु भारत सरकार किसानों को सुविधाजनक ऋण तथा छूट भी देती है।

18. जिब्रेलिक अम्ल (75 पी.पी.एम.) के घोल का एक छिड़काव नवम्बर व दूसरा फरवरी में पौधों की बढ़वार, फल नाप में वृद्धि एवं गुणवत्ता हेतु लाभदायक रहता है।

19. पलवार (मल्चिंग) स्ट्राबेरी हेतु सबसे महत्वपूर्ण सामयिक प्रक्रिया मानी गई है। अतः पलवार हेतु घास-फूस, पुआल या पॉलिथीन (काली या सफेद) अवश्य प्रयोग करें। लेकिन काली पॉलिथीन का प्रयोग उत्तरी भारत के मैदानी क्षेत्रों में न करें। पहाड़ी क्षेत्रों में चीड़ की पत्तियां व मैदानी भागों में धान की पुआल, पलवार हेतु अच्छी रहती हैं।

20. खाद एवं उर्वरकों की सिफारिश की गई मात्राओं के अतिरिक्त यूरिया (2 प्रतिशत घोल), जिंक सल्फेट (0.5 प्रतिशत घोल), कैल्सियम सल्फेट (0.5 प्रतिशत घोल) एवं बोरिक अम्ल (0.2

प्रतिशत घोल) आदि का पर्णीय छिड़काव भी पौधों की बढ़वार, फूलन व फलन पर प्रभावी पाए गए हैं।

21. कीटों व रोगों के आक्रमण पर विशेष ध्यान रखें एवं उनके नियंत्रण हेतु सिफारिश किए गए कीटनाशियों एवं फफूंदीनाशकों का समय-समय पर छिड़काव करें।

22. स्ट्राबेरी के पके फलों के चिड़िया, मैना, कौवा, तोता व मोर आदि पक्षी जानी-दुश्मन हैं। इनसे फलों को बचाना एक टेढ़ी खीर है। परन्तु यदि क्यारियों में चमकीले फीते या क्यारियों के ऊपर नाइलोन का जाल बिछा दें तो पक्षी फलों को हानि नहीं पहुंचा सकते हैं।

23. हालांकि स्ट्राबेरी एक स्वःपरागित होने वाला फल है परन्तु अनुसंधान कार्य बताते हैं कि यदि एक हैक्टेयर खेत में मधुमक्खियों के 4-5 बक्से रख दिए जाएं तो इससे उपज पर काफी अनुकूल प्रभाव पड़ता है।

24. फलों की तुड़ाई सही समय पर की जानी चाहिए। यदि इसमें जरा सी भी लापरवाही या देरी की तो फल सड़ जाते हैं। जब फलों के दो तिहाई हिस्से पर लाल रंग आ जाए तो उन्हें तोड़ लेना चाहिए।

25. फलों की तुड़ाई सुबह या शाम के समय ही करें।

26. स्थानीय बाजार हेतु तुड़ाई प्रतिदिन व दूर-दराज के बाजार हेतु प्रति तीसरे दिन तुड़ाई करें।

27. तुड़ाई के बाद फलों को किसी छायादार स्थान पर रखें। ऐसा करने से फलों को कुछ अधिक दिनों तक सुरक्षित रखने में सहायता मिलती है।

28. तुड़ाई उपरांत फलों का श्रेणीकरण कर उन्हें अलग-अलग रखें। कभी भी उन्हें ढ़ेर बनाकर न रखें।

29. पैकिंग हेतु विशेष रूप से तैयार किए गए प्लास्टिक के डिब्बों का प्रयोग करें। प्रत्येक डिब्बे में 200-250 ग्राम से अधिक फल न ड़ालें।

30. पैकिंग हेतु आर्कषक व पारदर्शी डिब्बों का प्रयोग करें ताकि बाजार में ग्राहकों को आकर्षित कर सके और उनकी अच्छी कीमत मिल सके।

संदर्भ साहित्य

Abbott, J.D. and Gough, R.E. (1992). Comparison of winter mulches on several strawberry cultivars. *J. Small Fruits Vitic.,* **1**(1):51-58.

Albregts, E.E. and Howard, C.M. (1972). Comparison of polyethylene coated biodegradable paper mulch on strawberry. *HortScience* **7**:568-69.

Albregts, E.E. and Howard, C.M. (1978). Influence of fertilizer sources and drip irrigation on strawberries. *Proc. Florida State Hort. Soc.,* **91**:159-62.

Albregts, E.E., Howard, C.M., Chandler, C.K. and Martin, E.G. (1990). Fruiting response of strawberry as affected by rates and sources of controlled release of N fertilizer and irrigation method. *Proc. Soil Crop Sci. Soc. Florida,* **49**: 46-49.

Anna, F.D. and Curatolo, G. (1986). Effects of dates of planting on the earlyness and total yield of greenhouse strawberry. *Acta Hort.,* **176**:199-208.

Archbold, D.D. (1986). Control of strawberry growth and runner production by flurprimidol. *Adv. Strawberry Prod.,* **5**: 28-30.

Archbold, D.D. and Dennis, F.G. (1985). Strawberry receptacle growth and endogenous IAA content as affected by growth regulator application and achene removal. *J. Amer. Soc. Hort. Sci.,* **110**(6): 816-20.

Arney, S.E. (1953). Studies on growth and development of genus *Fragaria.* II. The initiation, growth and emergence of leaf primordia in *Fragaria. Ann. Bot.,* **17**: 477-80.

Arney, S.E. (1954). Studies of growth and development in genus *Fragaria*. III. The growth of leaves and shoots. *Ann. Bot.,* **18**:349-52.

Arney, S.E. (1955). Studies on growth and development of genus *Fragaria*. IV. Winter growth *Ann. Bot.,* **19**: 265-70.

Atwal, B.S. (1976). 'Studies on the performance of some strawberry (*Fragaria sp.)* varieties in plains of Punjab'. M.Sc thesis, Guru Nanak Dev University, Amritsar.

Austin, M.E. (1991). Row covers for Sparkle strawberries. *HortScience,* **26**(5): 603.

Awang, Y.B., Atherton, J.G. and Taylor, A.J. 1993. Salinity effects on strawberry plants grown in rockwool II fruit quality. *J. Hort. Sci.,* **68**(5):791-95.

Awasthi, R.P. and Badiyala, S.D. (1983). Spacing and performance studies in some strawberry cultivars. *Indian J. Hort.,* **40**(1 & 2):29-34.

Badawi, M.A., Alphonse, M., Bondok, A.Z. and Hosni, Y.A. (1990). Propagation of some strawberry cultivars by means of tissue-culture technique. *Egyptian J. Hort.,* **17**(1): 9-16.

Badiyala, S.D. and Aggarwal, G.C. (1981). Note on the effect of mulches on strawberry production. *Indian J. Agri. Res.,* **51**(11):832-34.

Badiyala, S.D. and Bhutani, V.P. (1990). Effect of planting dates and spacing on yield and quality of strawberry cv. Tioga. *South Indian Hort.,* **38**(6): 295-96.

Badiyala, S.D. and Joolka, N.K. (1983). Effect of different spacings on the performance of strawberry cv. Tioga. *Haryana J. Hort.Sci.,* **12**(3-4):165-67.

Bagnara, D. and Vincent, C. (1988). The role of insect pollination and plant genotype in strawberry fruit set and maturity. *J. Hort. Sci.,* **63**(1):69-75.

Beniwal, L.S., Daulta, B.S. and Bisla, S.S. (1989)[a]. Evaluation of different strawberry (*Fragaria x ananassa*) cultivars under Hisar conditions I. Growth, flowering and fruiting. *Haryana J. Hort. Sci.,* **18**(1-2): 34-39.

Beniwal, L.S., Daulta, B.S. and Bisla, S.S. (1989)[b]. Evaluation of different strawberry (*Fragaria x ananassa*) cultivars under Hisar conditions II. Yield and fruit quality charcaters. *Haryana J. Hort. Sci.,* **18**(1-2): 56-60.

Blatt, C.R. (1984). Irrigation, mulch and double row planting related to fruit size and yield of Bounty strawberry. *HortScience,* **19**: 826-27.

Boxus, P. (1989). Review on strawberry mass propagation. *Acta Hort.,* **265**: 309-20.

Brown, J.G. and Voth, V. (1955). Salt damage to strawberries. *Calif. Agri.,* **9**: 11-13.

Brown, S.M., Whitwell, T. and Pounders, C.T. (1984). Weed control systems in strawberries. *Proc. Southern Weed Sci. Soc.* 37th Annual Meeting, pp.139.

Catcliffe, J.A. and Blatt, C,R. (1984). Effects of N, P, K, B, and lime on strawberry yields. *Canadian J. Plant Sci.,* **64**(4): 945-49.

Chandel, J.S. and Badiyala, S.D. (1996). Performance of some strawberry cultivars in foot-hills of Himachal Pradesh. *Ann. Agri.Res.,* **17**(4): 375-78.

Chandler, C.K., Albregts, E.E., Howard, C.M. and Brecht, J.K. (1997). Sweet Charlie strawberry. *HortScience,* **32**(6):1132-33.

Chandler, C.K., Miller, D.D. and Ferree, D.C. (1992). Shade during July and August reduces growth but not fruiting of strawberry plants. *HortScience,* **27**(9):1044.

Chauhan, G.C. (1966). 'Studies on floral biology and fruit development in strawberry'. M.Sc. thesis, IARI, New Delhi.

Childers, N.F., Morris, J.R. and Sibbett, G.S. (1995). *Modern Fruit Science*. Horticulture Publication, Gainesville, Florida, USA.

Choma, M.E. and Himelrick, D.G. (1982). Growth and flowering of day-neutral and everbearing strawberry as affected by ethephon. *HortScience,* **17**(5): 773-74.

Chopra, H. R., Dhaliwal, N.S. and Dhaliwal, G.S. (1993). Observations on runnering pattern and survival of strawberry plants under agroclimatic conditions of Ludhiana (Punjab) - a note. *Punjab Hort J.,* **33**(1/4): 96-99.

Collins, W.B. (1966). Effect of winter mulches on strawberry plants. *Proc. Amer. Soc. Hort. Sci.,* **89**: 131-35.

Collins, W.B. and Barker, W.G. (1964). A flowering response of strawberry to continuous light. *Ann. J.Bot.,* **42**:1309-12.

Coombe, I.J. (1969). Some effects of light and nutrition on the forcing of strawberries. *J. Hort. Sci.,* **44**: 49-55.

Coosemans, J. (1989). Leaf tip burn on strawberry. *Acta Horti.,* **265**: 489-96.

CSIR, (1956). *Fragaria*. In: *Wealth of India*, pp.59-68. Council of Scientific and Industrial Research, New Delhi.

Cui, X. (2000).The high production techniques for strawberry protected cultivation. *China Fruits,* **1**: 42.

Dana, M.N. (1981). The strawberry plant and its environment. *In*: *The Strawberry*. Childers, N.F. (Ed.), Horticulture Publications, Gainesville, Florida. pp.33-38.

Darrow, G.M. (1966). *The Strawberry: History, Breeding and Physiology*. Holt, Rinehart and Winston, New York, Chapter, 20.

Daubeny, H. A. (1994). Strawberries. *HortScience,* **29**(9): 960-64.

Denisen, E.L. (1983). Mars strawberries. *HortScience,* **18**(3): 498.

Denisen, E.L. and Buchele, W.F. (1967). Mechanical harvesting of strawberries. *J. Amer. Soc. Hort. Sci.,* **94**: 558-60.

Dennis, F.G., Lipecki, J. and Kiang, C. (1970). Effects of photoperiod and other factors upon flowering and runner development of three strawberry cultivars. *J. Amer. Soc. Hort. Sci.,* **95**: 750-53.

Dhaliwal, G.S. and Grewal, G.S. (1984). Yield and quality components of strawberry fruits under sub-tropical conditions. *J. Res.PAU,* **13**: 361-66.

Dhaliwal, G.S. and Singh, K. (1983). Evaluation of strawberry cultivars under Ludhiana conditions. *Haryana J.Hort. Sci.,* **12**:36-40.

Daper, A.D., Galletta, G.J. and Swartz, H. J. (1981). Tribute and Tristar everbearing strawberries. *HortScience,* **16**(6):794-95.

Durner, E.F., Barden, J.A., Himelrick, D.G. and Poling, E.B. (1984). Photoperiod and temperature effects on flower and runner development in day-neutral, June-bearing and ever-bearing strawberries. *J. Amer. Soc. Hort. Sci.,* **109**(3):396-400.

Dwivedi, M.P. (1987). 'Effect of photoperiod and growth regulators on vegetative growth, flowering and yield of strawberry'. Ph. D. thesis, Dr. Y.S.Parmar University of Hort. and Forestry, Solan, India.

Ehling, C.F. and Bernstein, L. (1958). Salt tolerance of strawberries. *Proc. Amer. Soc. Hort. Sci.,* **72**: 198-202.

FAO Production year book, 2002, pp. 189-190.

Feng, Y.C. (1998). Three cultural systems for strawberry growing and the key techniques. *South China Fruits,* **27**(5): 47.

Fischer, M. and Ulrich, M. (1989). Strawberry varieities for mechanical harvesting. *Acta Hort.,* **265**: 633-36.

Galletta, G.J and Maas, J.L. (1990). Strawberry genetics. *HortScience,* **25**: 871-79.

Galletta, G.J. and Bringhurst, R.S. (1990). Strawberry management. *In*: *Small Fruit Crop Management*. Galletta, G.J.and Mimelrick (Eds), Pretince Hall. Englewood Cliffs, New Jersey, Chapter, 3.

Galletta, G.J., Draper, A.D. and Maas, J.L. (1987). Lester strawberry. *HortScience,* **22**(2):321-23.

Galletta, G.J., Draper, A.D. and Swartz, H . J. (1980). Scott strawberry. *HortScience,* **15**(4):541-42.

Galletta, G.J., Draper, A.D. and Swartz, H . J. (1981). Allstar strawberry. *HortScienc,e* **16**(6): 792-94.

Garcia, J.M. and Olias, J.M. (1998). Strawberry packing for fresh market. *Hort. Intl.,* **6**: 20, 33-36.

Garren, R. (1980). Causes of misshaped strawberries. *In*: The strawberry. Childers, N.F. (Ed.), Horticultural Publications, Gainsville, Florida, pp. 326-35.

Gast, K.L.B. and Pollard, J.E. (1991). Row-covers enhance reproductive and vegetative yield components in strawberries. *HortScience,* **26**:1467-69.

Gilreath, J.P. and Albregts, E.E. (1984). Weed control in mulched strawberry production. *Proc. Florida State Hort. Soc.,* **97**: 177-79.

Given, N.K., Venis, M.A. and Grierson, D. (1988). Hormonal regulation of ripening in strawberry, a non-climacteric fruit. *Planta,* **174**: 402-6.

Goodman, R.D. and Oldroyd, B.P. (1988). Honeybee pollination of strawberries (*Fragaria x ananassa* Duschnsne). *Australian J. Expt. Agri.,***28**: 435-38.

Gupta, R. and Acharya, C.L. (1993). Effect of mulch induced hydrothermal regime on root growth, water-use efficiency, yield and quality of strawberry. *J. Indian Soc. Soil Scienc,e* **41**(1): 17-25.

Guttridge, C.G. (1969). *Fragaria. In*: *The Induction of Flowering*. Evans, L.T. (Ed.), MacMillan, Inc. Melbourne, Chapter 10.

Guttridge, C.G. (1985). *Fragaria x ananassa. In*: CRC Hand book of Flowering, Vol. 3. Halevy, A. H . (Ed.), CRC Press Boca Raton, Florida, Chapter 1.

Hancock, J.F. (1984). The effect of plant spacing and runner removal on second year yield in Midway and Guardian strawberries. *Adv. Strawberry Prod.,***3**: 5-7.

Hancock, J.F., Scott, D.H . and Lawrence, F.J. (1996). Strawberries. *In*: *Fruit Breeding, Vol. III : Vine and*

Small Fruit crops., Janick, J. and Moore, J.N.(Eds), John Wiley and Sons, Inc, Chapter 6, pp. 449-70.

Hartz, T.K., Devay, J.E. and Elmore, C.L. (1993). Solarization is an effective soil disinfestation technique for strawberry production. *HortScience,* **28**: 104-6.

Haynes, R.J. (1987). The use of polyethylene mulches to change soil microclimate as revealed by enzyme activity and biomass nitrogen, sulphur and phosphorus. *Biol. Fertilizer Soil* **5**: 235-40.

Heide, O.M. (1977). Photoperiod and temperature interactions in growth and flowering of strawberry. *Physio. Plant.,* **40**: 21-25.

Himlerick, D.G., Dozier, W.A. and Akridge, J.R. (1992). Effect of mulch types in annual hill strawberry plantation systems. *Acta Hort.,* **348**: 207-12.

Ito, H. and Saito, T. (1962). Studies on the flower formation in strawberry plants. I. Effects of temperature and photoperiod on the flower formation. *Tohoku J. Agri. Res.,* **13**: 191-94.

Janick, J. and Eggert, D.A. (1968). Factors affecting fruit size in starwberry. *Proc. Amer. Soc. Hort. Sci.,* **93**: 311-16.

Jiang, M. and Lenz, F. (1996). Effect of water logging on different strawberry cultivars. *Erwerbsobstban,* **38**(4): 126-28.

Kalt, W., Prange, R.K. and Lidster, P.D. (1993). Post-harvest colour development of strawberry: influence of maturity, temperature and light. *Canadian J. Plant Sci.,* **73**: 541-48.

Kapur, O.C., Sharma, S.K., Masand, S.S. and Chakor, I.S. (1991). Effects of phosphorus and irrigation management on water use and yield of strawberry in H.P. *Himachal J. Agri. Res.*, **17**(1-2): 154-57.

Kaul, G.L. (1967). 'Studies on the effect of gibberellic acid on growth and fruiting of strawberry'. Ph. D. thesis, IARI, New Delhi.

Kher, M.A., Singh, K.N. and Gupta, M.N. (1970). Effect of supplementary illumination on fruiting and runner production in strawberry vatieties. *Indian J. Agri. Sci.*, **4**: 53-58.

Kotze, W.A.G., Smit, L. and Human, J.P. (1992). Effect of resin-coated fertilizers on strawberry production. *South African Soc. Hort. Sci.*, **2**(1): 28-30.

Kronenberg, H. G. (1959). Poor fruit setting in strawberries I. Causes of poor fruit set in strawberry in general. *Euphytica*, **8**: 47-49.

Kumar, J., Rana, S.S., Verma, H. S. and Jindal, K.K. (1996). Effect of various growth regulators on growth, yield and fruit quality of strawberry cv. Tioga. *Haryana J. Hort. Sci.*, **25**(4): 168-71.

Lal, G., Siddappa, G.S. and Tandon, G.L. (1986). *Preservation of Fruits and Vegetables*. Publication and Information Division, ICAR, New Delhi.

Lareau, M.J. and Lamree, M. (1993). Late planting of strawberries using bare root or plug plants. *Acta Horti.*, **348**: 245-48.

Larson, K.D. (1994). Strawberry. *In*: *Handbook of Environmental Physiology of Fruit Crops*. Volume 1: *Temperate crops*. Schaffer, B. and Andersen, P.C.(Eds). CRC, Press, Inc., pp. 271-297.

Lee, W.T. and Lo, K.C. (1990). Integrated control of two spotted spider mite on strawberry in Taiwan. *Chinese J. Ento.*, **3**:125-37.

Lieten, F. (1989). Strawberry : albinism, a new physiological disorder. *Fruitteelt*, **2**(9): 39-41.

Lieten, F. and Marcelle, R. (1993). Relationship between fruit mineral content and albinism disorder in strawberry. *Ann. Applied Biol.*, **123**(2): 433-39.

Locascio, S.J. (1968). Black plastic ups Florida strawberry yields. *Amer. Fruit Grower, (June)*, 29-30.

Locascio, S.J. and Myers, J.M. (1975). Trickle irrigation and fertilization method for strawberries. *Proc. Florida State Hort. Soc.*, **88**: 185-88.

Mahajan, R. (1997). 'Studies on micropropagation of strawberry cultivars Chandler and Fern through vegetative buds'. M.Sc thesis, Dr Y.S. Parmar University of Hort. and Forestry, Solan, India.

Mason, G.F. and Guttridge, C.G. (1974). The role of calcium, boron and some divalent ions in leaf tip burn of strawberry. *Scientia Hort.*, **2**(3): 299-308.

Mckinlay, R.G. and Halford, M.E.(1986). Acaricidal control of red spider mites in strawberry crop. *Ann. Applied Biol.*, **108**(7): 32-33.

Mitra, S.K. (1991). Strawberries. *In*: Temperate Fruit. Bose T.K., Mitra, S.K. and Rrathore,D.S.(Eds), Horticulture and Allied Publishers, Calcutta, pp.549-96.

Myers, J.M. and Locascio, S.J. (1972). Efficiency of irrigation methods for strawberries. *Proc. Florida State Hort., Soc.*, **85**: 114-17.

Obminskaya, T.K. and Teuvazhukov, R.A. (1986). Coloured mulching films on strawberry plantations. *Sadovodstvo,* **3**: 26.

Ohishi, T. (1999). Appropriate management of honeybee colonies for strawberry pollination. *Honeybee Sci.,* **20**(1): 9-16.

Ourecky, D.K. and Reich, J.E. (1976). Frost tolerance in strawberry cultivars. *HortScience,* **11**: 313-14.

Pandey, D., Phogat, K.P.S. and Shukla, S.N. (1980). A note on the effect of different spacings on growth and yield of strawberry cv. Red Coat. *Prog. Hort.,* **12**(3): 67-70.

Pandey, R.M. and Mishra, K.K. (1983). Strawberry. *In. Phal Utpadan*, GBPUAT, Pantnagar, Uttar Pradesh, India, pp. 342-48.

Patahk, R.K. and Singh, R. (1977). Fruit-bud differentiation in strawberry. *Punjab Hort. J.,* **7**(3/4): 143-47.

Pathak, R.K. (1970). 'Studies on the effect of some external factors on growth and fruiting of strawberry'. Ph. D. thesis, IARI, New Delhi.

Pathak, R.K. and Singh, Ranjit (1971)[a] Effect of some external factors on growth and fruiting of strawberry. *Prog. Hort.,* **3**(3): 53-63.

Pathak, R.K. and Singh, Ranjit (1971)[b]. Effect of some external factors on the growth and fruiting of strawberry. I. Effect of GA, growth retardants and clotching on vegetative growth of strawberry. Paper presented at All India Symposium on Recent Advances in Horticulture held at Kanpur w.e.f. 14-15 September, 1971, pp102-108.

Pathak, R.K. and Singh, Ranjit (1972). Effect of GA and growth retardants on the vegetative growth of strawberry. *Indian J. Hort.,* **25**: 43-45.

Paul, T. M. (1982). Performance studies of some promising varieties of strawberry introduced at Fruit Research Station, Shalimar. *Hort. Res. Reporter,* **2**(1): 8-11.

Perkins-Veazie, P. (1995). Growth and ripening of strawberry. *Hort. Reviews,* **17**: 267-97.

Phogat, K.P.S., Pandey, D. and Shukla, S.N. (1980). Effect of different methods of planting on growth and yield of strawberry cv. Red Coat. *Prog. Hort.,* **11**(4): 31-33.

Phogat, K.P.S., Verma, V.K. and Singh, R.P. (1972). Description of some promising varieties of strawberry. *Prog. Hort.* **4**:23-30.

Poling, E. B., Maas, J. L., and Fokkema, N. J. (2000). Strawberry plug transplant technology. *Acta Hort.,* **513**:393-401.

Pollard, J.E., Gast, K.L.B. and Chundari, C.M. (1989). Overwinter row covers increase yield and earliness in strawberry. *Acta Hort.,* **265**: 229-34.

Renquist, A.R., Breen, P.J. and Martin, F.G. (1977). Effect of polyethylene mulch and summer irrigation regimes on subsequent flowering and fruiting of Olympus strawberry. *J. Amer. Soc. Hort., Sci.,* **107**: 373-76.

Rosati, P. (1993). Recent trends in strawberry production and research: An overview. *Acta Hort.,* **348**:23-43.

Rossi, F., Cristoferi, G., Bagioli, L. and Comporeale, S. (1989). Effect of plastic films on day neutral strawberry yields. *Acta Hort.,* **265**: 235-42.

Sanders, T.W. (1998). The strawberry. *In*: *Fruit and its cultivation*. Biotech Books, Delhi, India. Pp. 187-196.

Scott, D. H. and Lawrence, F.J. (1975). Strawberries. *In*: *Advances in Fruit Breeding*. Janick, J and Moore, J.N. (Eds). Purdue Univiversity Press, West Lafayette, Indiana, pp. 71-97.

Sharma, O.P. and Phogat, K.P.S. (1983). Effect of plant growth regulators on vegetative growth, yield and quality of strawberry (*Fragaria sp.*). *Prog. Hort.,* **15**(1): 64-68.

Sharma, R.K., Karibasappa, G.S. and Pandey, G.S. (1977). Performance of strawberry under Allahabad conditions. *Plant Sci.,* **9**: 73-78.

Sharma, R.L. and Badiyala, S.D. and Singh, Lakan Pal (1981). Varietal differences in fruit quality of strawberry (*Fragaria x ananassa). Haryana J. Hort. Sci.,* **10**(3/4):193-95.

Sharma, R.L. and Badiyala, S.D. (1980). A study on the performance of some strawberry (*Fragaria x ananasa*) cultivars in the mid-hills of north India. *Prog. Hort.,* **12**(2):17-24.

Sharma, R.M. and Yamdgni, R. (1999). *Modern Strawberry Cultivation*. Kalyani Publishers, New Delhi.

Sharma, R.R. (1998)[a]. *Strawberry: Improved Production Technology*. A Farm Bulletin, Published by Ministry of Agriculture, Govt. of India, New Delhi, pp 1-26.

Sharma, R.R. (1998)[b]. *Kaisain karein strawberry ki kheti. Prashar Doot,* **3**(2):17-20.

Sharma, R.R. (2002). *Growing strawberries*. International Book Distributing Co., Lucknow, India.

Sharma, R.R. (2003). *Strawberry ki kheti. Prashar Doot,* **6**(2):42-44.

Sharma, R.R. (2003). *Strawberry Utpadan ki Unnat Pryodyogiki-* A farm bulletin, Deptt. of Extension, Ministry of Agriculture, New Delhi.

Sharma, R.R. and Sharma,V.P. (2002). Relationship between plant growth and albinism disorder in strawberry fruits. *Indian J. Hort.,* **60**(2): 122-25.

Sharma, R.R. and Sharma, V.P. (2003). Mulch type influences plant growth, albinism disorder and fruit quality in strawberry (*Fragaria x ananassa* Dusch.). *Fruits,* **58**(4): 221-227.

Sharma, R.R., Sharma, V.P. and Meena, Y.R. (2001). Strawberry cultivation: a profitable business. *Intensive Agri.,* **38**(1): 22-23.

Sharma, R.R. and Singh, S.K. (1999). Strawberry cultivation-a highly remunerative farming enterprise. *Agro India,* **3**(2): 29-31.

Sharma, R.R., Singh, S.K. and Krishna, H. (2002). *Strawberry ki Kheti: Khoob Labh Deti. Asean Kisan,* **1**(1): 42-45.

Sharma, S.D. and Chauhan, J.S. (1986). Physio-chemical evaluation of some strawberry cultivars - A note. *Prog. Hort.,* **18**(1-2): 126-28.

Sharma, S.D. (2000). Genetic Resources of Horticultural and Forest species. Department of Fruit Breeding and Genetic Resources, UHF, Nauni, Solan, pp. 122.

Sharma, V.P. (1975). 'Effect of certain plant regulating substances and photoperiod on the growth behaviour and fruiting of strawberry'. Ph. D. thesis, Kanpur University, Kanpur, India.

Sharma, V. P. and Sharma, R.R. (2004). The Strawberry, ICAR, New Delhi.

Sharma, V.P. and Singh, Ranjit (1980). Bud differentiation in Pusa Early Dwarf strawberry. *Indian J. Hort.,* **37**(1): 45-47.

Sharma, Y.P., Kishore, D.K. and Parmanick, K.K. (2000). *Strawberry ki Unnat Kheti. Phal Phoo,l* **22**(4): 6-9.

Shoemaker, J.S. (1975). Strawberries. *In*: *Small Fruit Culture.* The AVI Publishing Company, Westport Connectiout, USA.

Shukla, S.N., Srivastava, R.P., Singh, D.D. and Singh, R.P. (1980). Performance of strawberry varieties grown in the hills of U.P. *Indian J. Hort.,* **37**(2):136-45.

Singh, J.P. and Randhawa, G.S. (1959). Effect of gibberellic acid and para-chlorophenoxyacetic acid on growth and fruitfulness in strawberry. *Indian J. Hort.,* **16**: 14-17.

Singh, J.P., Randhawa, G.S. and Jain, N.L. (1960). Response of strawberry to gibberellic acid. *Indian J. Hort.,* **17**: 21-30.

Singh, K. (1979). 'Study on runner formation, flowering and fruiting in strawberry'. M.Sc. thesis, PAU, Ludhiana.

Singh, R. and Sharma, V.P. (1970). Prospects of growing strawberry under plains. *Indian Hort.,* **15**(3):13-15.

Singh, R.P., Srivastava, R.P. and Phogat, K.P.S. (1983). Studies on foliar nutrition of strawberry. *Punjab Hort. J.,* **23**(1):64-68.

Singh, S.J. (1996). Diseases of strawberry. *In*: *Advances in Diseases of Fruit Crops in India*. Kalyani Publishers, Ludhiana, India, pp. 397-401.

Smeets, L. (1955). Runner formation on strawberry plants in autumn and winter II. Influence of light intensity on the photoperiodical behavoiur. *Euphytica,* **4**: 240-45.

Smeets, L. (1979). Effect of temperature and day length on flower initiation and runner formation in two everbearing cultivars. *Sci. Hort.,* **12**:19-23.

Smith, B.J. and Gupton, C.L. (1993). Calcium application before harvest affect the severity of anthracnose fruit rot of green house grown strawberries. *Acta Hort.,* **348**:477-82.

Srivastava, R.P and Kumar, S. (1998). *Fruit and Vegetable Preservation.* International Book Distributing Co. Lucknow, U.P., India.

Staudt, G. (1989). The species of *Fragara* their taxonomy and geographical distribution. *Acta Hort.,* **265**:23-33.

Takeda, F. and Papadopoulos, A.P. (1999). Strawberry production in soilless culture systems. *Acta Hort.,* **481**: 289-95.

Thompson, P.A. and Guttridge, C.G. (1959). Effect of gibberellic acid on the initiation of flowers and runners in the strawberry. *Nature,* **184**:72-73.

Thuesen, A. (1989). Mechanical harvesting for processing industry. *Acta Hort.,* **265**:627-32.

Tosi, T. (1986). Some aspects of strawberry fertigation. *Acta Hort.,* **176**: 99-106.

UHF, (1997). Package of practices for fruit cultivation in Himachal Pradesh.

Verma, S.K. and Phogat, K.P.S. (1995). Effect of pollination by honey-bees on fruit setting and yield of strawberry

(*Fragaria sp.*) under Himalayan valley conditions. *Prog. Hort.*, **27**(1-2): 104-8.

Voth, V. (1972). Plastic in California strawberries. *HortScience,* **7**: 378.

Voth, V. (1989). The effect of nursery location latitude on California winter planted strawberries. *Acta Hort.,* **265**: 283-84.

Westwood, M.N. (1993). *Temperate Zone Pomology*. W. H . Freeman and Co., San Francisco.

Wilhelm, S. (1955). Verticillium wilt of the strawberry with special reference to resistance. *Phytopathol.,* **45**: 387-91.

Wilhelm, S. and Nelson, R.D. (1981). Fungal diseases of strawberry. *In*: *The Strawberry*. Childers, N.F. (Ed.), Horticultural Publications, Gainsville, Florida.

Williams, H . (1974). Early assessment of processing strawberries for colour. *Euphytica,* **26**: 841-45.

Xiao, Y., Huang, J.C. and Li, H.B. (1998). Effect of pre-harvest spraying of calcium and NAA on storage of strawberry. *China Fruits,* **2**: 24-25.

Yoo, S.Y., Lee, S.K. and Lee, J.M. (1999). Effect of various films on shelf life sliced strawberry fruit. *Acta Hort.,* **483**: 283-89.

Yoshida, Y., Ohi, M. and Fujimoto, K. (1991). Fruit malformation, size and yield in relation to nitrogen nutrition and nursery plants in large fruited strawberry (*Fragaria x ananassa*). *J. Japanese Soc.Hort. Sci.,* **59**(4): 727-35.

Zych, C.C. (1966). Fruit maturation times of strawberry varieties. *Fruit Variety Hort. Digest,* **20**:51-53.

स्ट्राबेरी के पौधे, उत्पादन व अन्य सामग्री की उपलब्धता

अ. स्ट्राबेरी के पौधे प्राप्त करने हेतु लिखें या मिलें :

1. *अध्यक्ष*
   फल विभाग, औद्यानिक एवं वानिकी विश्वविद्यालय, नौणी, सोलन (हिमाचल प्रदेश)-173230
2. *अध्यक्ष*
   भारतीय कृषि अनुसंधान संस्थान, क्षेत्रीय अनुसंधान केन्द्र, अमरतारा कॉटेज, कार्ट रोड, शिमला (हिमाचल प्रदेश)-171004
3. *अध्यक्ष*
   उद्यान विभाग, हिमाचल प्रदेश कृषि विश्वविद्यालय, पालमपुर-176062
4. *निदेशक*
   टाटा एनर्जी अनुसंधान संस्थान, जोरबाग, नई दिल्ली-110003

ब. स्ट्राबेरी की खेती हेतु जानकारी के लिए लिखें या मिलें:

1. *संभागाध्यक्ष*
   फल एवं उद्यान प्रौद्योगिकी संभाग, भारतीय कृषि अनुसंधान संस्थान, नई दिल्ली-12
2. *अध्यक्ष*
   फल विभाग, औद्यानिक एवं फॉरेस्ट्री विश्वविद्यालय, नौणी, सोलन (हिमाचल प्रदेश)
3. *अध्यक्ष*
   भारतीय कृषि अनुसंधान संस्थान क्षेत्रीय अनुसंधान केन्द्र, अमरतारा कॉटेज, शिमला (हिमाचल प्रदेश)
4. *अध्यक्ष*
   उद्यान विभाग, गोविंद बल्लभ पंत कृषि विश्वविद्यालय, पंतनगर (उत्तरांचल)

5. *अध्यक्ष*

फल विभाग, हरियाणा कृषि विश्वविद्यालय, हिसार

6. *अध्यक्ष*

उद्यान विभाग, हिमाचल प्रदेश कृषि विश्वविद्यालय, पालमपुर-176062

7. *निदेशक*

टाटा एनर्जी अनुसंधान संस्थान, जोरबाग, नई दिल्ली

स. स्ट्राबेरी में ग्रीनहाउस या ड्रिप सिंचाई से संबंधित जानकारी हेतु लिखें या मिलें:

1. *राष्ट्रीय उद्यान बोर्ड*

85, इडंस्ट्रियल एरिया, सेक्टर-18, गुडगांव (हरियाणा)

2. *प्रिंसिपल, बागवानी प्रशिक्षण केन्द्र*

करनाल (हरियाणा)

3. *कृषि अभियांत्रिकी संभाग*

भारतीय कृषि अनुसंधान संस्थान, नई दिल्ली-12

4. *संयुक्त निदेशक कार्यालय*

कृषि विभाग, दिल्ली सरकार, मोरीगेट, दिल्ली

5. *निदेशक*

उद्यान विभाग, 11वीं मंजिल, पुलिस मुख्यालय, आई.पी. स्टेट, नई दिल्ली

6. *निदेशक*

केन्द्रीय कृषि अभियांत्रिकी अनुसंधान संस्थान, नबी बाग, वेरासिया रोड, भोपाल - 462038 (मध्य प्रदेश)

7. *माईन इंडस्ट्रीज (कृषियंत्र विभाग*

जी.टी. रोड साहिवाबाद, गाजियाबाद (उत्तर प्रदेश)

8. *परियोजना समन्वयक*

(कृषि में प्लास्टिक का उपयोग)

केन्द्रीय फसल कटाई उपरांत अभियांत्रिकी संस्थान,

लुधियाना (पंजाब)-141004

अंग्रेजी – हिन्दी शब्दावली

Abscission : विगलन
Absorption : शोषण
Acclimatization : पर्यानुकूलन
Acidity : अम्लता
Adaptability : अनुकूलनशीलता
Aggregate : पुंजीय फल
Albinism : रंगजहीनता
Annual : एक वर्षीय
Anthocyanin pigment : एन्थोसाइनिन वर्णक
Anther : परागकोष
Anthracunose : एन्थ्रेक्नोज
Aphid : माहू या चैंपा
Asexual propagation : अलैंगिक प्रवर्धन
Attribute : गुण
Axil : कक्ष
Barrel system : रोपण की पीपा प्रणाली
Bearing : फलन
Berries : फल का एक प्रकार
Biennial : द्विवर्षीय
Biological : जैविक
Bisexual : द्विलिंगी
Blight : अंगमारी रोग
Black plastic mulch : प्लास्टिक की काली पलवार
Breeder : प्रजनक
Calyx : बाह्य दल-पुंज
Candy : कैंडी (मुरब्बा)
Canning : डिब्बाबंदी
Carpel : अंडप
Cell : कोशिका
Cellwall : कोशिका झिल्ली
Character : गुण
Chemical composition : रासायनिक संघटन
Chilling : ठंडक, शीतलता
Chlorophyll : पर्णहरिता
Cold injury : शीत क्षति
Cold storage : शीत भंडारण
Cold resistance : शीत प्रतिरोधी
Cold tolerance : शीत सहनशीलता
Colour mulching films : रंगयुक्त पलवार की फिल्में
Commercial propagation : व्यवसायिक प्रवर्धन
Concentration : सांद्रता
Control : नियंत्रण
Corolla : दलपुंज (पंखुडियां)
Crepping : रेंगने वाला
Crop improvement : फसल सुधार
Cross : संकरण
Cross-pollination : पर-परागण
Crown : शिखर, मुकुट

Cultivar : किस्म
Cultural practices : कृषि क्रियाएं
Day neutral : दिवस निष्प्रभावी
De-bloossoming : फूलों का विरलन
De-capping : ढपनी हटाना
Dioecious : पृथकलिंगी
Diploid : द्विगुणित
Dormancy : प्रसुप्ति
Drip irrigation : बूंद-बूंद सिंचाई की विधि
Earliness : शीघ्रता
Economics : आय-व्यय का लेखा-जोखा
Fasciation : संपट्टन
Enzyme : एन्जाईम
Feature : लक्षण
Fertigation : फर्टिगेशन
Fertilization : निषेचन
Fertilizer : उर्वरक
Fibrous roots : ततुमय जड़ें
Flavour : स्वाद
Flowering : पुष्पन
Fungi : कवक
Foliar feeding : पर्णीय पोषण
Freezing : प्रशीतन
Fruit : फल
Fruit development : फल विकास
Fruit diseases : फल के रोग
Fruit malformation : फल की कुरचना
Fruit ripening : फल पकना
Fruit yield : उपज
Fruiting : फलन
Fruiting habit : फलन की आदत
Furrow irrigation system : कुंड सिंचाई प्रणाली
Future prospects : भविष्य की संभावनाएं
Genetics : अनुवांशिकी
Genuine planting material : शुद्ध रोपण सामग्री
Genus : वंश
Grading : श्रेणीकरण
Growth regulator : वृद्धि नियामक
Hardy : सहिष्णु
Harvesting : तुड़ाई
Herb : शाक
Herbicide : शाकनाशी
Hermaphrodite : उभयलिंगी
Hexaploid : षष्ठगुणित
Hill system : हिल प्रणाली
Hormone : हार्मोन
Horticultural : औद्यानिक
Humid : आर्द्र
Humidity : आर्द्रता
Humus : जैवांश
Hybrid : संकर
Hybridization : संकरण
Hydroponics : जलविहीन
Ideal variety : आदर्श किस्म
Improvement : सुधार
Incompatibility : अनिषेच्यता
Inflorescence : पुष्पक्रम
Inheritance : वंशागत
Input : लागत, निवेश
Insecticide : कीटनाशी

Irrigation	: सिंचाई
Jam	: जैम
Jelly	: जैली
Layering	: दाबा
Leaf	: पत्ती
Leaf diseases	: पत्ती के रोग
Leaf hopper	: पत्ती का फुदका कीट
Leaflet	: पर्णक, पत्रक
Leaf roller	: पत्ती लपेटक कीट
Leaf scorch	: पत्ती झुलसा
Manure	: खाद
Marketing	: विपणन
Mechanical harvesting	: यांत्रिक तुड़ाई
Metabolic	: उपापचयी
Methods of planting	: रोपण के तरीके
Micropropagation	: सूक्ष्म प्रर्वधन
Mineral	: खनिज
Modern breeding	: आधुनिक प्रजनन
Modern packaging	: आधुनिक पैकिंग
Mulching	: पलवारना
Nematode	: सूत्रकृमि
Net income	: शुद्ध आय
Node	: गांठ
Nursery	: पौधशाला
Nutrient	: पोषक तत्व
Octoploid	: अष्ठगुणित
Organic	: जैव
Organic matter	: जैव पदार्थ
Packing	: पैंकिग
Paddy straw	: धान का पुआल
Pectin	: पैक्टिन
Perennial	: बहुवर्षीय
Pests	: नाशीजीव
pH	: पी.एच.
Photoperiod	: दीप्तिकाल
Phyllody	: पर्णाभता
Physiological disorder	: कार्यिकी विकार
Pine needles	: चीड़ की पत्तियां
Pistil	: स्त्री केसर
Plant propagation	: पादप प्रवर्धन
Planting density	: रोपण सघनता
Planting time	: रोपण समय
Pollination	: परागण
Pollinator	: परागक
Pollinizer	: परागद
Polyploid	: बहुगुणित
Polythene	: पॉलिथीन
Post harvest	: तुड़ाई उपरांत
Post harvest management	: तुड़ाई उपरांत प्रबंधन
Powdery mildew	: सफेद चूर्णिल रोग
Pre-conditioning	: पूर्वानुकूलन
Primary roots	: प्राथमिक जड़ें
Product	: उत्पाद
Progeny	: संतति
Protection	: बचाव
Protected cultivation	: संरक्षित उत्पादन
Qualitative	: गुणात्मक
Quality	: गुणवत्ता

Quantitative : परिमाणात्मक
Raised bed : ऊंची/उठी हुई क्यारी
Receptacle : पुष्पघर
Red spider mite : लाल मकड़ी या घुन
Red stete root rot : लाल स्टीली जड़ सड़न
Reproductive organ : जनन अंग
Root : जड़
Rooting : मूलोत्पत्ति
Root rot : जड़ सड़न
Rotation : फसल चक्र
Runner : भूस्तारी
Runner production : भूस्तारी उत्पादन
Salinity : लवणता
Scorching : झुलसना
Seedless : बीजरहित
Self-incompatibility : स्वःनिषेच्ययता
Self-pollination : स्वःपरागण
Soil fumigation : मिट्टी का धूमन
Soilless culture : मृदाविहीन खेती
Spaced row system : चौड़ी कतार प्रणाली
Species : जाति
Starch : मंड
Sterilized : निंजमित
Storage : भंडारण

Stratification : स्तरीकरण
Straw : भूसा
Sub-tropical climate : उपोष्ण जलवायु
Susceptible : ग्रहणशील
Tap root : मूसला जड़
Taxonomy : वर्गीकरण
Temperate climate : शीतोष्ण जलवायु
Tetraploid : चतुर्थगुणित
Tillage : भू-परिष्करण
Tissue : उतक
Tissue culture : उतक संवर्धन
Thrips : तेला कीट
Tropical climate : उष्ण जलवायु
Vacuole : रसधानी
Value addition : मूल्य निरूपण
Variety : किस्म
Vegetative propagation : कायिक प्रवर्धन
Vigorous : ओजस्वी
Vitamins : विटामिन
Virus : विषाणु
Water : पानी
Waterlogging : जलग्रस्तता
Weeds : खरपतवार
Weed eradication : खरपतवार उन्मूलन
Weed prevention : खरपतवार से बचाव
Weedicide : खरपतवारनाशी
Yield : उपज